INFORME 2084

JAMES LAWRENCE POWELL

INFORME 2084

Una historia oral del Gran Calentamiento

OCEANO

Este libro es una obra de ficción. Cualquier referencia a eventos históricos, personas o lugares reales es usada de manera ficticia. Otros nombres, caracteres, lugares y eventos son producto de la imaginación del autor, y cualquier parecido con sucesos, lugares o personas reales, vivas o muertas, es mera coincidencia.

INFORME 2084
Una historia oral del Gran Calentamiento

Título original: THE 2084 REPORT. An Oral History of the Great Warming

Publicado según acuerdo con el editor original, Atria Books,
una división de Simon & Schuster, Inc.

Traducción: Marcelo Andrés Manuel Bellon

Diseño de portada: Jorge Garnica

Guillermo Barroso 17-5, Col. Industrial Las Armas
Tlalnepantla de Baz, 54080, Estado de México
info@oceano.com.mx

Primera edición: 2022

ISBN: 978-607-557-465-3

Impreso en México / Printed in Mexico

Contenido

Prefacio a la segunda edición

Dicen que la mayoría de los escritores escriben para sí y esperan que su libro se convierta en un éxito de ventas. Hoy en día, no hay forma de que ningún libro, sin importar cuán importante sea ni qué tan bien escrito esté, venda las suficientes copias para calificar como un *best seller*. Las grandes librerías en línea dependían por completo de internet, y éste, lo mismo que el resto de nuestra infraestructura, se ha vuelto cada vez menos confiable y seguro, por lo que resulta claro que no sobrevivirá hasta el final del siglo. Y casi todas las librerías físicas que alguna vez pudieron haber mantenido las ventas fueron sacadas hace mucho tiempo del negocio por los vendedores en línea.

Entonces, ¿por qué escribí este libro a sabiendas de que quienes lo leerán son sobre todo mis amigos y familiares? Porque soy un historiador oral. Mi trabajo es registrar los acontecimientos importantes en la historia de la humanidad usando las palabras de quienes los experimentaron. Así, proporcionamos la materia prima a partir de la cual otros historiadores pueden sintetizar y generalizar. Por supuesto, también escribo porque me gusta, y escribir es un placer que todavía es posible. En realidad, no necesitas una computadora, internet o la llamada Nube; lo único que necesitas es lápiz y papel.

El maestro de este enfoque y mi modelo es el gran historiador oral del siglo XX, Studs Terkel. Dos de sus libros, *"La guerra buena": una historia oral de la Segunda Guerra Mundial* y *Tiempos difíciles: una historia oral de la Gran Depresión*, capturaron los efectos de esas calamidades en los estadunidenses de todas las tendencias como ningún otro libro pudo hacerlo. A lo largo de mi carrera, he vuelto a releerlo y nunca ha dejado de inspirarme.

Studs viajaba para entrevistar a personas de todos los ámbitos: desde la granja hasta la fábrica, desde la ciudad hasta el pueblo, desde los jubilados hasta los jóvenes, desde los nobles hasta el hombre y la mujer de la calle. Como él, la mayoría de mis sujetos son personas comunes, aunque incluyo algunos expertos y líderes. Terminé entrevistando a casi cien personas, demasiadas para un libro, por lo que elegí las entrevistas que ilustran mejor lo que las inundaciones, las sequías, las guerras, las hambrunas, las enfermedades y la migración masiva de refugiados climáticos le han hecho a la humanidad.

Siento una afinidad especial por Studs Terkel porque nací en 2012, exactamente cien años después de su nacimiento. En 1912, el calentamiento global era sólo un concepto teórico. Algunos científicos pensaron que podría resultar real, pero tenían muy poca información como para considerarlo peligroso. De hecho, esos científicos pensaron que un mundo más cálido podría ser mejor para la humanidad, y es comprensible. Para el año de mi nacimiento, un siglo después, era indiscutible que el calentamiento global era real, causado por los humanos y un peligro para la humanidad. Sin embargo, gracias a una campaña financiada sobre todo por las gigantes empresas petroleras de aquellos días, la mitad de la opinión pública y muchos políticos optaron por la negación, anteponiendo la ideología y la mentira al futuro de sus nietos.

He mantenido mi papel al mínimo: muestro en cursivas el momento en que hacía una pregunta, pero permito que mis sujetos hablen por sí mismos, tal como lo hizo Studs. Para facilitar la lectura, he agrupado los capítulos por tema, pero esto es algo arbitrario, ya que la mayoría de las regiones sufren más de un efecto del calentamiento global. A menos que se indique lo contrario, utilicé un teléfono satelital.

Lexington, Kentucky,
31 de diciembre de 2084

Los científicos climáticos

Hoy me encuentro con Robert Madsen III, quien, como su padre y su abuelo, es un científico climático.

Doctor Madsen, he venido con usted con una pregunta que la gente en la segunda mitad de este siglo nos sentimos obligados a hacer.

Aquellos de nosotros que hoy seguimos vivos estamos obsesionados por la pregunta de por qué, en las primeras décadas de este siglo, antes de que se agotara el tiempo, la gente no actuó para al menos desacelerar el calentamiento global. ¿Fue porque no había suficiente evidencia, porque los científicos no estaban de acuerdo, porque había alguna teoría mejor para explicar el calentamiento que obviamente estaba ocurriendo, o hubo algo más? Seguramente, la generación de nuestros abuelos tuvo una buena razón para dejar que esto nos sucediera... ¿cuál fue?

Bueno, puedo decirle que éste no será el capítulo más largo de su libro, porque la respuesta es breve y simple: no tuvieron una buena razón.

Incluso en el cambio de siglo, la evidencia del calentamiento global provocado por el hombre era abrumadora, y sólo se fue haciendo más y más fuerte hasta convertirse en un hecho innegable para cualquier persona racional, es decir, cualquiera que usara la razón como guía. Un amigo que se había formado como abogado me preguntó alguna vez si el calentamiento global había sido apoyado por una preponderancia de evidencias o más allá de toda duda razonable, la norma más alta en un caso penal. Respondí que el calentamiento global había estado más allá de toda duda razonable, tan cierto como puede estarlo cualquier teoría científica.

Si tuvieras que volver a la década de 2010 y juzgar la opinión colectiva de los científicos sobre la base de lo que publicaron en revistas revisadas por pares, encontrarás que para 2020 estaban cien por ciento de acuerdo en que los seres humanos eran la causa del calentamiento global. Ése no es sólo un número redondo que me haya sacado de la manga, sino el resultado de una revisión de casi veinte mil artículos arbitrados correspondientes a ese periodo.

Por difícil que nos resulte concebir esto, los negacionistas del calentamiento global no contaban con una teoría científica propia para explicar la evidencia. Sería muy distinto si la gente en las décadas de 2010 o 2020 hubiera permitido que nuestro mundo fuera destruido porque apostó por la teoría equivocada. Pero no existía una teoría alternativa. Las temperaturas se incrementaron, los incendios forestales fueron más intensos cada año en todos los continentes, el nivel del mar subió más y más, las tormentas empeoraron, y podríamos seguir y seguir. Aquellos que negaban que los humanos fueran los responsables no tuvieron la curiosidad por averiguar *qué* era entonces lo que estaba causando este clima extremo, pero sí decidieron lo que *no* lo causaba: los combustibles fósiles.

De acuerdo, eso es breve y simple. Pero incluso los negacionistas sin una teoría debieron haber tenido alguna forma alternativa de explicar los datos que convenció a los científicos. ¿Cómo lo intentaron?

Durante un tiempo dijeron que el calentamiento global era una patraña, que los científicos conspiracionistas habían falsificado los datos. Aquellos que niegan la ciencia siempre llegan al punto de afirmar una conspiración, porque la única opción distinta sería admitir que los científicos tienen razón.

Si usted hubiera estado por ahí en esos días, ¿cómo les habría respondido a aquellos que afirmaban que el calentamiento global provocado por el hombre era parte de una teoría de la conspiración?

Bueno, habría instado a la gente a que se hiciera algunas preguntas sencillas. ¿Cómo se organizó la conspiración? Esos veinte mil artículos involucraban alrededor de sesenta mil autores provenientes de países de todo el mundo. ¿Cómo podían estos estafadores mantener todo en orden? Habrían tenido que usar el correo electrónico. Pero en la primera década del siglo, alguien robó y publicó un tesoro de correos electrónicos de prominentes científicos climáticos: casi un millón de palabras, según recuerdo, y ni una sola daba pista alguna de una conspiración.

¿Por qué, entonces, ningún conspirador fue atrapado, escribió un libro de memorias que lo contara todo o hizo una confesión en su lecho de muerte? ¿Y por qué, para empezar, habrían conspirado? En Estados Unidos, la respuesta de los negacionistas fue: "Porque eran liberales". Pero más de la mitad de los artículos científicos procedían de otros países, donde no se aplicaba esa etiqueta.

Por supuesto, sin embargo, en la década de 2010, los negacionistas no se hicieron este tipo de preguntas. Para ellos resultaba tan obvio que el calentamiento global era falso que la razón por la que los científicos habían montado semejante patraña carecía de importancia.

Para la década de 2020, las mentiras habían llegado a reemplazar la verdad no sólo en lo que respecta a la ciencia, sino en muchas áreas más. La gente prefirió aceptar una mentira que respaldara su creencia anterior, en lugar de una verdad que socavara esa creencia. Esto permitió que países como Australia, Brasil, Rusia y Estados Unidos eligieran a los negacionistas de la ciencia para liderarlos.

Incluso tan tarde como a principios de los años veinte, el calentamiento podría haberse limitado a 5.4 °F [3 °C].* Pero las naciones del mundo no pudieron intentarlo. Para cuando lo hicieron, ya ni siquiera 7.2 °F [4 °C] eran opción. No sabemos qué tanto pueda incrementarse la temperatura. Es algo extraño: los humanos nos enorgullecemos de ser gobernados por la razón, pero incluso con la civilización humana puesta en juego, elegimos la ideología y la ignorancia.

Si la gente pensaba que los científicos eran tan corruptos como para fingir un calentamiento global, debe de haber sido difícil confiar en los científicos para cualquier otra cosa. ¿Esa actitud tuvo algún efecto sobre el estatus de la ciencia misma?

Mi abuelo era científico y me inspiró a convertirme en uno. Él me contó cómo, al final de la década de 2010, los negacionistas científicos ocuparon la Casa Blanca y los más altos niveles de casi todas las agencias gubernamentales. Recortaron el financiamiento de las investigaciones no sólo para la ciencia del clima, sino para todo lo que tuviera que ver con el medio ambiente, las especies en peligro de extinción, la contaminación industrial y todas esas cosas. La Agencia de Protección Ambiental y la Fundación Nacional de Ciencias no sobrevivieron a la década de 2020 y el financiamiento federal general para la ciencia cayó al nivel de la década de 1950. El abuelo decía que para él y sus colegas casi parecía que *ciencia* se había convertido en una mala palabra.

La mayoría de los científicos universitarios en ese entonces dependían de las subvenciones del gobierno y tuvieron que renunciar a sus programas de investigación. Las grandes universidades habían obtenido entre un cuarto y un tercio de su financiamiento

* A lo largo del libro, mostraré las medidas de temperatura tanto en grados Fahrenheit como Celsius, lo mismo que para las unidades de longitud: en el sistema métrico y en el inglés.

total como gastos generales de becas de investigación. Una de las primeras cosas que hicieron fue reducir los fondos para los departamentos de ciencias y despedir a los profesores. Los estudiantes, que no veían futuro en el estudio de la ciencia, votaron con los pies al tomar clases en otras materias. Cuando la matrícula de ciencias disminuyó, se justificó la eliminación de más departamentos y profesores de ciencias. Las revistas científicas, cuyos principales clientes eran las universidades, también fueron víctimas, dado que el volumen de investigación se desplomó y el financiamiento de las bibliotecas universitarias cayó y, enseguida, desapareció. Por supuesto, sin fondos de investigación y sin revistas, las numerosas sociedades científicas también tuvieron que cerrar sus puertas.

En la colección de libros de mi abuelo encontré un volumen bastante usado y desgastado que se titula *El fin de la historia y el último hombre*. Puede que no estemos ante el Fin de la Ciencia, pero ya puedes verlo venir.

PRIMERA PARTE

SEQUÍA E INCENDIOS

Marruecos en Suiza

Christiane Mercier es la corresponsal sobre calentamiento global más antigua del periódico francés Le Monde. *En esta entrevista, habla conmigo desde diferentes locaciones en Europa. Nuestra primera conversación de la serie tuvo lugar en la antigua estación suiza de esquí, en Zermatt.*

Estoy realizando este recorrido para hacer un balance de lo que el calentamiento global ha originado en diferentes locaciones de Europa. Me encuentro en el corazón de la que fuera una industria de turismo suiza, donde ya no es posible seguir esquiando. Zermatt alguna vez contó con pistas de esquí de primer nivel y una vista fabulosa del Matterhorn. Ahora, mientras observo alrededor, no distingo nieve por ninguna parte, ni siquiera en la cima del Matterhorn.

Para preparar esta entrevista, hice algunas investigaciones sobre la historia del calentamiento global en los Alpes. Ya incluso a *fin de siècle,* había señales ominosas. En esos días, la línea de nieve se extendía hacia abajo, hasta los 9,940 pies [3,030 metros], pero en el mortal verano ardiente de 2003, por ejemplo, se elevó hasta los 15,100 pies (4,600 metros), más alto que la cumbre del Matterhorn y casi tanto como la cumbre del Mont Blanc, el pico más alto al oeste del Cáucaso. El permafrost que sostenía la roca y el suelo en el Matterhorn se derritió y mandó los escombros cuesta abajo, en caída libre. Todavía se pueden ver los montones de escombros descansando contra los refugios de esquí (e incluso dentro) y los restaurantes cerrados.

Podría dar el mismo informe desde Davos, Gstaad, Saint Moritz, o cualquiera de las estaciones de esquí que alguna vez fueron famosas en Suiza, Francia e Italia. Los Alpes no han tenido nieve y hielo permanente desde la década de 2040. Según entiendo, las pistas de esquí de las Montañas Rocallosas han corrido la misma suerte.

Los meteorólogos nos dicen que el clima de Europa del Sur se encuentra en las mismas condiciones en las que estuvieron Algeria y Marruecos cuando arrancó el siglo. De acuerdo con la temperatura y la cantidad de lluvias, Europa del Sur es ahora un desierto y los Alpes se asemejan cada vez más a las Montañas Atlas de aquellos días.

Algunas semanas más tarde, la señora Mercier se encontraba en Nerja, en la Costa del Sol, en España, lugar que alguna vez acogió a expatriados y visitantes de temporada, en su escape de los fríos inviernos de Alemania y el Reino Unido.

Hacia el sur, desde el paseo marítimo de Nerja, se extiende ante mí el vasto y azul Mediterráneo. Hacia el norte, hay un mar de condominios abandonados de color beige y ocre que pareciera extenderse por toda la eternidad, miles, decenas de miles... un número incomprensible, la mayoría de ellos deteriorados y en ruinas. No es difícil entender la razón de todo esto: el campo está reseco y muerto. A las dos de la tarde, frente a las ruinas del Hotel Balcón, en el paseo marítimo de Nerja, la temperatura en la sombra es de 124 °F [51 °C] y no se siente la brisa del mar. Parece que soy la única persona por aquí, y no planeo quedarme mucho tiempo.

De camino a Nerja desde Córdoba y Granada, vi los restos carbonizados de decenas de miles de olivos, el monocultivo que solía dominar el sur de España. A medida que la región se calentó, los olivos se secaron, dejándolos susceptibles a incendios y enfermedades. Hoy en día, el cultivo del olivo se ha desplazado de España e Italia al norte, hacia Francia, Alemania e incluso Inglaterra.

Desde Nerja, la señora Mercier viajó a Gibraltar.

Tuve muchos problemas para encontrar transporte para bajar hasta aquí y regresar. Lo que solía tomarme medio día en auto, me tomó cuatro. Gibraltar, que solía ser una de las joyas de la corona del Imperio británico, protegía la entrada y salida del Mediterráneo. Pero a sólo unas millas de distancia por mar se encuentra Marruecos, una proximidad que convirtió a Gibraltar en una meca natural para los migrantes climáticos.

En mi investigación de preparación para el viaje, encontré un informe de la década de 2010 que señalaba que la migración a la Unión Europea ya había aumentado debido al incremento del calor, la sequía y el desorden social resultante. Un estudio proyectaba que el número anual de migrantes aumentaría de trescientos cincuenta mil al doble para 2100. Pero este estudio, como muchos de ese periodo, independientemente del tema, proyectó el futuro basado en el pasado, y éste no era una buena guía cuando había una "nueva normalidad" cada año o dos. Estas proyecciones casi nunca tuvieron en cuenta el calentamiento global y sus efectos secundarios. Ahora, nadie sabe cuántos migrantes han logrado llegar a Europa desde África, el Medio Oriente y lo que solíamos llamar Europa del Este, pero ciertamente el número es de cientos de millones, tal vez quinientos millones. Y vienen más.

Para 2050 tantos inmigrantes habían inundado Gibraltar que Inglaterra anunció que cedería el territorio al país que lo había reclamado durante mucho tiempo. España hizo entonces un esfuerzo a medias para gobernar Gibraltar. Pero cuando fallaron las desalinizadoras de las que dependía para el agua, España no pudo reemplazarlas. En 2065 se rindió y declaró a Gibraltar ciudad abierta.

Desde entonces se le conoce por su nombre original: Jabal Ṭāriq, Montaña de Tariq.

Era claro para mí que Gibraltar es un hervidero de contrabando y otras actividades delictivas, e ir allí significa jugarte la vida. Tuve que entrar disfrazada de hombre y acompañada de mercenarios armados. No me quedé mucho tiempo, pero lo suficiente para comprobar que cuando algunos dijeron que el calentamiento global desataría el infierno, no estaban lejos de la verdad.

Para la siguiente ocasión que hablo con la señora Mercier, ella se ha movido por la costa mediterránea hasta la provincia española de Murcia.

Desde Jabal Ṭāriq alquilé un barco que me llevara al noreste, hasta Murcia, y nos detuvimos en algunos lugares del camino que el capitán dijo que probablemente serían seguros. Si hubieras visitado Murcia en los primeros años del siglo, habrías pasado por campos llenos de lechugas e invernaderos de tomates maduros. Habrías visto surgir por todas partes las nuevas casas vacacionales y los condominios de departamentos. En tu camino hacia la playa, te habría resultado difícil evitar pasar junto a algún verde campo de golf. En una tierra tan seca, ¿de dónde sacaba España el agua para todo esto?

Como ya sabes por mis informes, antes de visitar un área, *Je fais mon travail*, hago mi tarea. Estudio la historia de una ciudad o país para entender lo que estoy viendo. Murcia es un caso de estudio sobre la impotencia de las personas y los gobiernos para evitar que esta tragedia de los recursos comunes arruine sus vidas y sus tierras.

Murcia siempre estuvo seca, pero la falta de lluvia no impedía que la gente se comportara como si siempre fuera a haber agua en abundancia. Si el agua no caía del cielo, la gente la encontraba bajo tierra o la transportaba desde lejanos campos de nieve. En el cambio de siglo, se negaron a creer que llegaría el día en que ninguna de estas estrategias seguiría funcionando.

Hasta finales del siglo pasado, los agricultores murcianos cultivaban higos y palmeras datileras y, donde tenían suficiente agua, limones y otros cítricos. Luego, el gobierno dispuso transportar el agua desde las provincias menos secas, lo que permitió a los agricultores cambiar a cultivos que consumían grandes cantidades de este líquido, como la lechuga, los tomates y las fresas. Los desarrolladores construyeron tan rápido como pudieron, y cada edificio nuevo debía tener su propia piscina. Los vacacionistas necesitaban villas, condominios y los suficientes campos de golf para no tener que esperar para jugar el siguiente hoyo. Mantener verde cada uno de los campos de golf de Murcia requería cientos de miles de galones de agua por día. Alguien descubrió que para permitir que un golfista jugara una ronda se necesitaban 3,000 galones [11,356 litros] de agua. Hoy en día, el golf ha seguido el camino del hockey y del esquí, y de los deportes en general.

Si los funcionarios españoles se hubieran tomado en serio el calentamiento global y hubieran estudiado los registros de temperatura de Murcia, podrían haber sido más cautelosos. Durante el siglo XX, España se calentó el doble que la Tierra en general, y la cantidad de lluvia disminuyó. Los científicos proyectaron que las lluvias se reducirían en 20 por ciento más para 2020 y en 40 por ciento para 2070. Los pronósticos resultaron ser precisos, aunque en el momento en que se hicieron nadie les prestó atención. Cuando las provincias del norte tuvieron que recortar sus transferencias de agua, los agricultores y los pueblos de Murcia tuvieron que recurrir a las aguas subterráneas, lo que provocó una brusca caída del manto freático. Surgió entonces un mercado negro de agua de pozos ilegales, pero muy pronto el manto freático se encontraba a niveles tan profundos que las bombas no conseguían subir el agua hasta la superficie. Se destaparon muchos escándalos y se descubrió que funcionarios corruptos recibían pagos a cambio de permisos de construcción en áreas donde no había agua. Aunque sea difícil de creer, gente ingenua en Gran Bretaña y Alemania siguió comprando condominios y villas en España. Llegaban a su nuevo hogar o condominio, abrían el grifo, encontraban que no salía agua y entonces buscaban a quién demandar. Luego descubrían que la letra pequeña de su contrato les había dado a los constructores y al gobierno una cláusula de escape si un acto de Dios causaba escasez de agua. ¿El calentamiento global es un acto de Dios? *Ne me fais pas rire*, o como tú dices, no me hagas reír.

Cuando el agua se secó, los agricultores cambiaron de nuevo a los higos y a las palmeras datileras. Pero a medida que avanzaba el siglo y las previsiones de los científicos resultaban acertadas o, más a menudo, demasiado cautelosas, ni siquiera se pudo obtener un beneficio económico de esos cultivos en España. Para la década de 2050, la agricultura en Murcia prácticamente se había terminado y las casas de vacaciones y los condominios estaban vacíos. Hoy, salvo por sus edificios abandonados, Murcia es indistinguible del desierto norteafricano de hace un siglo.

La siguiente vez que hablo con la señora Mercier ya se encuentra en su casa, en París.

De camino a casa, pasé por el valle del Loira, una región que solía producir algunos de los vinos más destacados del mundo: Chinon, Muscadet, Pouilly-Fumé, Sancerre, Vouvray y otros. Todos desaparecieron. El problema era que a medida que subían las temperaturas, las uvas maduraban antes, lo que ocasionaba que aumentara su contenido de azúcar y bajara su grado de acidez. Estas uvas producen un vino más grueso, con un mayor contenido de alcohol. Si las temperaturas sólo hubieran subido uno o dos grados, si nos hubiéramos quedado por debajo del *punto de ruptura* de los niveles de dióxido de carbono, entonces, un vino de Vouvray todavía habría sido bebible, aunque no hubiera conservado el mismo sabor. Quizás un experto incluso podría haberlo reconocido como una variación de un vino de Vouvray. Pero la temperatura ha subido 9 °F [5 °C]. Las uvas de vinificación no crecerán ahora en el valle del Loira y la industria aquí, como en el resto de Francia, está extinta. Si quieres vino, debes acudir al antiguo Reino Unido o a Escandinavia.

Ahora mismo estoy parada a la sombra del Arco de Triunfo, a media tarde del primero de julio de 2084. Es una suerte que esté a la sombra, porque la temperatura es de 115 °F [46 °C]. Permanecer expuesto a la luz solar directa en este calor durante más de unos minutos es garantizar la insolación. Alrededor, sólo observo un puñado de vehículos en movimiento. Hay poca gente en la calle. Incluso de noche, hace demasiado calor para sentarse al aire libre, ya que se libera el calor absorbido durante el día por el acero y el hormigón de París. La Ciudad de la Luz se ha convertido, como tantas otras, en la Ciudad del Calor, y sus cafés al aire libre son sólo un recuerdo.

Desde París, nuestra reportera viaja a Calais por el canal de la Mancha.

De camino aquí, viajar fue tan difícil que estuve a punto de rendirme y regresar a París. En poco tiempo, nadie podrá hacer un viaje como éste de forma segura. Así como Gibraltar era el punto de entrada natural a Europa para los africanos que intentaban moverse hacia el norte para escapar del calor mortal, Calais, a sólo 20 millas [32 kilómetros] a través del canal desde Dover, ha sido el punto de salida natural para quienes intentan llegar a los climas más fríos del antiguo Reino Unido. En la década de 2020, los británicos querían reducir la inmigración legal e ilegal. Durante un tiempo cumplieron su deseo, pero a fines de la década de 2030, el número de inmigrantes ilegales que llegaban al antiguo Reino Unido comenzó a incrementarse y se ha mantenido en aumento. La función principal de Calais ahora es atender esa migración ilegal. Así como vi pocos españoles en el sur de España, la mayoría de las personas con las que veo y hablo en Calais no son franceses ni británicos, sino árabes, africanos, sirios y eslavos. Parece ser que lo único que tienen en común es que vienen de alguna otra parte y que están decididos a llegar a los acantilados de Dover. Algunos migrantes intentan atravesar a nado el canal, pero pocos sobreviven. El tumulto aquí me recuerda a una escena de los viejos noticieros en la que se mostraba el caos en la Caída de París, cuando los alemanes se acercaban y los parisinos corrían dispersándose por todos lados.

En el puerto de Calais, veo una recreación de otra escena de la Segunda Guerra Mundial: la fuga de la Fuerza Expedicionaria Británica de Dunkerque, en cientos de embarcaciones de todo tipo. Ahora el agua está llena con otra mezcla de barcos, abarrotados hasta sus barandillas con personas que se dirigen a la tierra prometida de Inglaterra, donde los operadores de contrabando los recibirán... o al menos, ésa es su esperanza.

Había pensado que conseguiría un pasaje en uno de esos barcos e informaría desde Inglaterra, pero me encuentro completamente derrotada y deprimida por lo que hasta ahora he visto. *Je me rends.*[*]

[*] En francés en el original, "Me rindo". *(N. del T.)*

La caída de Phoenix

Steve Thompson, nacido y criado en Phoenix, es un ingeniero hidráulico de 72 años que alguna vez trabajó para el Proyecto de Arizona Central. Se mudó a Saskatchewan y se convirtió en ciudadano canadiense antes de la Guerra Canadiense-estadunidense.

Steve, ¿cuándo llegó tu familia a Arizona?

Mis bisabuelos se mudaron a Phoenix justo después de la Segunda Guerra Mundial, al mismo tiempo que muchas otras familias de exmiembros del servicio, todos siguiendo el sueño americano. Y en general, lo encontraron.

A lo largo de la segunda mitad del siglo pasado y durante un tiempo en éste, la demanda de vivienda en Phoenix mantuvo en marcha el auge inmobiliario, y eso permitió que todo lo demás siguiera en auge también. La gente disfrutaba de la buena vida y se olvidaba de que vivía en un desierto que sólo recibía 8 pulgadas [200 milímetros] de lluvia al año.

En realidad, la mayoría de la gente no tenía idea de dónde provenía el agua que salía de sus grifos. Es posible que supieran que había algo llamado Proyecto de Arizona Central, que traía agua del lago Mead por la parte baja del río Colorado hasta Phoenix. Pero ¿de dónde sacaba el agua el río Colorado? Del derretimiento de los campos de nieve en las laderas occidentales de las Montañas

Rocallosas, a muchos cientos de millas de distancia. Si algo cambiaba la cantidad de nieve que caía en las Montañas Rocallosas o el momento de la temporada de deshielo, Phoenix podría tener serios problemas. Pero nadie se preocupaba por eso. A principios de siglo, los responsables de la planificación del centro de Arizona pensaban que la población aumentaría a casi siete millones de personas para 2050. En retrospectiva, ésa era una suposición ridícula. Cuando mis bisabuelos se mudaron aquí, en 1950, Phoenix tenía sólo alrededor de cien mil personas. El año en que nací, 2012, tenía un millón seiscientas mil. Ahora ha vuelto a bajar y se dirige de nuevo a cien mil. E incluso tal vez eso sea demasiado.

Hasta la década de 2020, todo parecía mejorar en Phoenix. Claro, a lo largo de la década de 2010 se había vuelto más caluroso año con año, pero todos nuestros edificios tenían aire acondicionado, así que nos quedábamos en el interior durante la mitad de los días de verano. En realidad, nunca pensamos en cómo nos las arreglaríamos si había escasez de energía que nos impidiera encender nuestros aires acondicionados cuando quisiéramos. No consideramos adecuadamente que si el Colorado se agotaba, algo que los científicos del clima pronosticaban que ocurriría con el calentamiento global, habría menos agua haciendo girar las turbinas en las presas Hoover y Glen Canyon, y menos energía eléctrica. Por lo tanto, si teníamos una sequía lo suficientemente grave, también tendríamos escasez de energía.

¿Cuándo se dio cuenta de que las cosas habían cambiado?

Creo que puedo precisar hasta la hora, es el recuerdo más vívido de mi vida. Tenía 15 años, así que debió ser 2027. Era una mañana calurosa de verano y mi madre fue a la puerta porque alguien había tocado; se encontró a dos hombres parados allí, uniformados. Uno tenía una Smith & Wesson .38 especial atada a su cadera; el otro llevaba una caja de herramientas. Esa pistola me impresionó mucho. Ambos llevaban insignias del departamento de agua de la ciudad. Como parte de un programa en toda la ciudad, habían llegado a instalar una válvula de control remoto que limitaría la cantidad de agua que mi familia podría usar en un periodo de veinticuatro horas: 75 galones [284 litros] por persona. Cuando llegáramos a ese límite, la válvula se cerraría de manera automática y ya no obtendríamos más agua sino hasta las 12:01 a.m. del día siguiente. Por supuesto, el departamento de agua y los periódicos y la televisión habían advertido que se avecinaba el racionamiento, pero el impacto completo de esto no afectó a nuestra familia hasta que esos dos hombres aparecieron en nuestra puerta.

Si la ración de la ciudad de 75 galones por persona por día no lograba ahorrar la suficiente agua, la ciudad podría reprogramar remotamente las válvulas para un límite más bajo. Cualquiera podía ver que eso iba a suceder. La sanción por alterar las válvulas de cierre era una multa y una ración todavía más pequeña. Una infracción reincidente le daría al propietario dos años de cárcel, sin posibilidad de reducción de la cadena por buen comportamiento. En caso de que alguien no captara el mensaje, las vallas publicitarias electrónicas de la ciudad publicaban videos de los últimos estafadores del agua que se habían sometido a una "caminata de delincuentes" pública.

Tener que sobrevivir con 75 galones y luego menos, a medida que la ciudad bajaba la ración, cuando sólo dos décadas antes el residente promedio de Phoenix había consumido más de 200 galones [757 litros] por día, significaba que debíamos cambiar la forma en que vivíamos. Las familias tenían que considerar los presupuestos de agua de la misma manera que los financieros, pero había una gran diferencia. En ese entonces, una familia aún podía pedir dinero prestado o cargar las compras a una tarjeta de crédito, pero nadie en Phoenix iba a prestar o a vender agua, ni siquiera por dinero en efectivo.

Modernizamos nuestras casas con inodoros de bajo nivel, grifos que funcionaban sólo por unos segundos y bañeras. Olvídate de tomar una ducha, ya nadie hacía eso y, de todos modos, tener una regadera en tu casa era ilegal. En cambio, nos bañábamos en la tina una vez a la semana, como se solía hacer en los días de los pioneros, y usábamos aguas grises para tirar de la cadena de nuestros inodoros. Algunos de nosotros ahorrábamos todavía más agua mediante el uso de orinales o instalando retretes al aire libre.

Las autoridades prohibieron regar el jardín y pronto dejó de haberlos. Cerraron decenas de campos de golf alrededor de Phoenix. En ese entonces, tener una mancha verde en tu propiedad era invitar a la policía del agua. A medida que más personas abandonaron sus hogares, los jardines se secaron y se perdieron en el viento.

El problema fue que estas medidas de conservación no funcionaron. Claro, el consumo per cápita se redujo, pero la gente todavía seguía mudándose aquí en la década de 2030, a pesar de las señales de advertencia de que no habría suficiente agua o electricidad. Siempre parece haber una brecha entre la percepción de las personas y la realidad. Si reduces el consumo promedio a la mitad, pero duplicas la población, te encuentras de regreso justo donde empezaste. Como no puedes obligar a la gente a mudarse, lo único que sí puedes hacer es restringir el agua y luego ir bajando cada vez más la ración.

Estar al aire libre a mediodía era jugarte la vida. Aunque ya me había ido, en la década de 2040 Phoenix era tan caluroso, y a veces incluso más, que el Valle de la Muerte en 2000. Lo único que se podía hacer era quedarse dentro y, cuando tenías que salir, correr hacia el próximo refugio con aire acondicionado. Pero el aire acondicionado requería energía eléctrica y la escasez de agua hizo que las presas hidroeléctricas produjeran menos, así que muy pronto la ciudad también comenzó a racionar la electricidad. Ya no se podía contar con que encontrarías uno de esos refugios con aire acondicionado. Al mediodía, las calles y aceras de Phoenix se quedaban prácticamente vacías. Nunca más se vieron niños o mascotas afuera. Y los ancianos tenían sus propios problemas. Para ellos, el aire acondicionado era una cuestión de vida o muerte, y debido a aquellos que no podían pagarlo o no tenían forma de irse, Phoenix obtuvo la más alta tasa de mortalidad de personas mayores en comparación con cualquier otra ciudad del país.

Casi todos los aspectos de la vida en el centro de Arizona habían ido empeorando. Hacía mucho tiempo que había pasado la época en que cualquiera podía aferrarse a la ilusión de que el calor y la sequía eran parte de algún ciclo natural, y que los residentes de Arizona podíamos esperar a que terminara. Por muy malas que fueran las cosas, iban a empeorar y se quedarían así hasta donde cualquiera alcanzaba a ver. Para los estadunidenses, sobre todo los del suroeste, hogar del sueño americano, ése era un concepto nuevo.

Observé a mis padres envejecer prematuramente cuando se dieron cuenta de que sus últimos años no serían ese tiempo agradable para el que habían planeado y ahorrado. Cualquiera podía ver que lo más inteligente era salir de Arizona, pero con miles de casas nuevas y vacías, en subdivisiones a medio terminar y sin agua, los precios de las casas se habían desplomado. Como mis padres no pudieron recuperar el valor de nuestra casa, no contaban con el capital ni el crédito para comprar una nueva en un clima más fresco y húmedo, donde, en cualquier caso, la demanda había hecho que los precios de las casas estuvieran fuera de alcance. Las parejas más jóvenes dispuestas a arriesgarse a menudo simplemente se alejaban de sus casas e hipotecas, sin siquiera molestarse en cerrar las puertas, porque sabían que nunca volverían. Pero para los ancianos, irse no fue una opción. Para mí lo fue, y en 2032, les dije a mis padres y a Phoenix un triste adiós y me dirigí a Canadá.

Fuego en la Casa Verde

Marta Soares es una antropóloga brasileña y la última directora de la Fundação Nacional do Índio (FUNAI, por sus siglas en portugués), la Fundación Nacional Indígena, cuya misión había sido proteger los intereses y la cultura indígenas. Con la señora Soares está Megaron Txcucarramae, un indígena nativo de Brasil y el último miembro superviviente de la tribu metyktire, una de las ramas del pueblo kayapo. Primero entrevisto a Megaron, gracias a la traducción de la señora Soares, y luego la entrevisto a ella.

Señora Soares, le pido que por favor presente a su amigo.

Aunque estemos hablando por teléfono, debe saber que Megaron Txcucarramae lleva el característico tocado de kayapo —*cabeça-vestido*, como decimos en portugués—, hecho con plumas de guacamaya roja y oropéndola verde. Megaron deseaba llevar esta reliquia familiar en honor a la entrevista y dijo que le daría el ánimo para contarles la triste historia de su pueblo. Su vida abarca la destrucción de la selva amazónica y el trágico final de una forma de vida que existió durante miles de años antes del hombre blanco. En la vida de esta sola persona, la Amazonia se convirtió de un Jardín del Edén en un lecho de cenizas, y Megaron ha sido testigo de esa destrucción.

He pasado mucho tiempo con Megaron y su gente. Traduciré sus preguntas a su idioma para él y sus respuestas en inglés para usted.

Megaron: Ahora soy un anciano y mis días están contados. Me dicen que soy el último miembro vivo de la tribu metyktire y les creo, porque no he conocido a otro metyktire en muchos años. He sobrevivido a mis hijos e incluso a mis nietos. Murieron de las enfermedades del hombre blanco y algunos, creo, de perder la esperanza. Sin embargo, hay algo peor que sobrevivir a tu propia sangre, y es sobrevivir a todos los miembros de tu tribu e incluso al bosque que ha sido tu hogar desde los tiempos antiguos.

Alguna vez, la gente del bosque fuimos tantos como los pájaros. Ahora incluso los días de los kayapo son pocos. El verde bosque que alimentó a nuestra gente desde el principio de los tiempos casi ha desaparecido y pronto nosotros nos habremos ido también. No reconocemos este mundo y, por mi parte, no tengo interés en vivir en él por mucho tiempo más.

Nací en el año 1994 según su calendario, y nunca vi a un hombre blanco hasta los 13 años. Nosotros, los metyktire, habíamos decidido muchos años atrás evitar el contacto con los blancos, porque nuestros chamanes predijeron que traerían el mal sobre nosotros. Nos separamos de los kayapo y nos retiramos a las profundidades del bosque. Excepto por algunas reuniones casuales, nunca vimos a otro hombre o mujer que no fueran los miembros de nuestra propia tribu. Pero para su año 2007, sólo quedábamos ochenta y siete de nosotros. Muchos eran ancianos y algunos estaban enfermos. Nuestros mayores pudieron ver que pronto los metyktire seríamos unos cuantos, y que el fuego, las enfermedades, las tormentas o la sequía podrían acabar con nosotros fácilmente. Decidieron entonces que no teníamos más remedio que salir de nuestro escondite en la jungla y reunirnos con los kayapo. Enviamos a dos de nuestros hombres a reunirse con ellos y nos saludaron como hermanos perdidos hace mucho tiempo. Estábamos aterrorizados de tener que encontrarnos con un gran número de personas blancas, de las que sólo habíamos oído hablar, pero los kayapo nos protegieron y permitieron que sólo un pequeño equipo de médicos y enfermeras nos examinara. Tenían miedo de que, habiendo estado fuera de contacto con cualquier otra sociedad durante tantas décadas, pudiéramos contraer algunas de las enfermedades de su hombre blanco. Algunos de nosotros nos enfermamos, pero nadie murió. Ahora estoy acostumbrado a la piel blanca, pero en ese entonces fue una terrible conmoción.

¿Cuándo comenzó a notar cambios en la selva tropical a su alrededor?

Recuerdo que fue en el verano cuando cumplí 11 años. Durante mucho tiempo, nuestra tribu había olido el humo de los incendios, algunos provocados por relámpagos, pero muchos encendidos por colonos que quemaban el bosque para poder plantar sus cultivos o criar ganado en la tierra. Cada año parecía haber más humo y los incendios se acercaban. Pero ese verano (*Soares:* Era 2005, según su calendario), todo el cielo se volvió negro y permaneció así durante meses. Nos costaba respirar y tosíamos constantemente. El sol sólo podía asomarse de vez en cuando. El humo hacía que pareciera que las profecías de nuestros chamanes se estaban cumpliendo. Nos preguntamos si podría arder el bosque entero. No lo sabíamos, pero ya no parecía algo imposible. Aunque los incendios no llegaron a nuestro territorio, supimos que podrían llegar algún día. Y, si lo hacían, no tendríamos forma de escapar y no habría otras personas para ayudarnos.

Tal como habían profetizado los chamanes, los grandes incendios fueron sólo el comienzo de nuestros problemas. Cada año caía un poco menos de lluvia, hacía un poco más de calor, se quemaba más bosque y crecían menos árboles para reemplazar a los que ardían. No había suficiente agua para los cultivos, y los que prosperaban a menudo se marchitaban y morían. Los ríos comenzaron a secarse y muchos se volvieron poco profundos para navegarlos. Al principio, veíamos algunos peces muertos flotando en la superficie, luego, a medida que el río se encogía, vimos más y más, hasta que a veces la superficie entera estaba cubierta de orilla a orilla con los cadáveres de los peces. Luego, los ríos siguieron encogiéndose hasta que no quedó agua para nuestras canoas, y en los cauces de los ríos creció la hierba. Ahí donde habíamos flotado durante generaciones, ahora podíamos caminar.

He escuchado a algunos kayapo educados hablar sobre la razón por la que esto sucedió, pero no lo entiendo. ¿Cómo es posible que lo que la gente hace en tierras lejanas ocasione que nuestros bosques ardan? Dicen que hay algo en el aire que no se puede ver ni oler, un veneno que lo calienta y ahuyenta la lluvia. Muchas veces le he preguntado a Marta cómo podía ser eso, y ella me lo ha explicado con paciencia, pero tal vez soy demasiado viejo para entenderlo. Lo que sí sé por mis propios ojos y por hablar con ella y con los kayapo, que han viajado lejos, es que casi todo el bosque se ha quemado y se ha llevado consigo a la mayoría de los nativos. Los metyktire, los kayapo, los yanomami, ya casi todos nos hemos ido. Pero lo que me gustaría saber antes de morir es qué hizo arder nuestro bosque.

Megaron, permítame pedirle a su amiga Marta que responda a su pregunta. Señora Soares, ¿quién quemó la Amazonia?

Soares: Debo confesar que, aunque entiendo la respuesta, todavía me resulta difícil aceptar que cualquier poder en la Tierra haya causado la pérdida de casi toda la selva tropical amazónica en menos de un siglo. Megaron le dirá que la gente siempre había sabido que la selva amazónica podía arder: la habían estado quemando a propósito desde que él era un niño. Él quiere saber por qué no impidieron que los incendios se salieran de control. ¿No les importaba? Los hablantes de portugués tenemos un dicho: "*Dançar à beira do caos*", esto es, "Bailar al borde del caos". Eso es lo que hacía el mundo en ese entonces, pero bailamos demasiado cerca.

Podemos explicar la ciencia del calentamiento global y cómo éste provocó que ardiera la selva tropical, pero para mí, al menos, eso sólo hace que la respuesta sea más dolorosa y el resultado menos excusable. Sabemos que el Hombre quemó la selva tropical, que no fue un acto de Dios. Se podría haber prevenido. ¿Cómo pudieron aquellos que se suponía que debían liderar y proteger a las naciones, y quienes tenían una amplia advertencia, permitir que la Amazonia y sus tribus indígenas desaparecieran? Muchas de esas tribus habían optado por no intentar sobrevivir en nuestro mundo, y entonces destruimos el único mundo en el que podían sobrevivir.

Los habitantes de la Amazonia siempre habían practicado la agricultura de tala y quema pero, en la segunda mitad del siglo XX, los agricultores y colonos no nativos también comenzaron a utilizar este método. Entre 1970 y el cambio de siglo, se quemaron más de 232,000 millas cuadradas [600,900 novecientos kilómetros cuadrados] de selva tropical de la Amazonia. Entre mayo de 2000 y agosto de 2006, Brasil perdió casi 58,000 millas cuadradas [150,220 kilómetros cuadrados] de bosque, un área más grande que Grecia. En la segunda década de este siglo, los agricultores habían quemado deliberadamente casi 25 por ciento de toda la selva amazónica y, a pesar de los esfuerzos de los conservacionistas, cada año se seguía perdiendo más. En todo el planeta, incluso cuando sabíamos que el calentamiento global estaba ocurriendo y era peligroso, y que los árboles podían absorber parte del mortífero dióxido de carbono, el mundo destruyó más de 12 millones de hectáreas de selva tropical cada año. Así pues, verá que, incluso sin el calentamiento global, tal vez con el tiempo habríamos quemado toda la selva amazónica. Parecíamos impotentes para actuar no sólo en interés de los pueblos originarios, sino también en el nuestro. Ahora sabemos cuánto necesitábamos esa selva tropical.

Yo era antropóloga, no científica del clima, pero aprendí de mis colegas que una selva tropical es vulnerable de varias maneras. Mientras un denso dosel de bosque de 90 a 135 pies de altura [de 27 a 41 metros] proporcione sombra, los escombros en el suelo del bosque podrán permanecer húmedos, por lo que rara vez se queman. Pero cuando una parte del bosque se quema, llega más luz solar al piso del área quemada y al perímetro que la rodea. Eso hace que se sequen las hojas, las ramas muertas y los otros restos. Los pastos, el bambú y otras plantas inflamables colonizan el área y aumentan la cantidad de material combustible, por lo que es más probable que el área se queme nuevamente, pero cada vez de manera más intensa, por más tiempo y en un área más extensa. Por lo tanto, cuando se quema parte del bosque, aumenta la probabilidad de que se produzcan más incendios; esto es llamado retroefecto. Además, cuando una parte del bosque se quema, hay menos vapor de agua y más humo en la atmósfera por encima de él; esto ocasiona que caiga menos lluvia y eso, a su vez, hace que una mayor parte del bosque se seque y se queme. Estos ciclos viciosos son suficientes para hacer creer a una persona que en verdad existe un satanás, un demonio.

Los científicos de principios de siglo habían pronosticado que para 2100 en la cuenca de la Amazonia aumentaría la temperatura entre 9 y 14.5 °F [5 y 8 °C] y que las precipitaciones se reducirían 20 por ciento. Sin embargo, el clima de la Amazonia se calentó y se secó todavía más rápido. Para 2030, 60 por ciento de la selva tropical ya había desaparecido. Para 2050, 80 por ciento y hoy, 95 por ciento. Dentro de una década o dos, toda la selva tropical de la Amazonia, a excepción de algunos parches dispersos, habrá ardido por completo, lo que significará el fin de todos los pueblos indígenas y de miles de especies. La Amazonia fue alguna vez el hogar de una de cada cuatro o cinco especies de mamíferos, peces, aves y árboles. Ahora muchos han desaparecido, llevándose ecosistemas completos con ellos. Los bosques de Maranhão babaçu, los bosques secos del Marañón, los bosques nublados de Bolivia y todas sus especies se han ido, para no volver jamás.

Antes de arder, la Amazonia era tan vasta y verde que ayudaba a controlar el clima de todo el planeta. El bosque era una enorme esponja de calor que mantenía fuera de la atmósfera cientos de miles de millones de toneladas de dióxido de carbono. Dicen que la selva amazónica evaporaba 8 billones de toneladas métricas de agua cada año. Esa agua era fundamental para la formación de cúmulos, que liberaban la lluvia que sostenía el bosque. No recuerdo cuándo vi por última vez una de esas nubes. Lo que vemos en su lugar es humo. La Amazonia era tan crítica para el clima mundial que los científicos creen que su pérdida ha provocado que caiga menos lluvia en América Central, en el medio oeste de Estados Unidos e incluso en lugares tan lejanos como la India.

La Amazonia contenía una gran cantidad de carbono que la deforestación y los incendios han liberado ahora a la atmósfera. Según una estimación, la pérdida de la selva tropical de la Amazonia ha elevado la cantidad total de carbono en la atmósfera en 140,000 millones de toneladas, lo que equivale a alrededor de quince años de emisiones globales anuales en el año 2000.

Entonces, volvamos a la pregunta de Megaron. ¿Quién quemó la Amazonia?

Tenemos otro dicho: "*Uma boa pergunta é a metade da resposta*", quiere decir: "Una buena pregunta contiene la mitad de la respuesta". Las personas que podrían haber evitado el calentamiento global, pero se mantuvieron al margen y dejaron que sucediera, no sólo los supuestos líderes, sino también las personas que los eligieron, todos ellos quemaron la Amazonia. Mi gente y la suya, no la de Megaron.

Australia seca

Australia fue uno de los primeros países en sentir los efectos del calentamiento global y uno de los primeros en actuar. La doctora Evonne Emerson ocupó la cátedra Kevin Rudd de Historia de Australia en la Universidad Nacional de Australia hasta que ésta cerró, en 2055. La llamé a su casa, en Perth.

Doctora Emerson, usted tiene raíces profundas en Australia.

Sí, nuestros registros familiares muestran que hace diez generaciones, en 1855, mis antepasados llegaron de Inglaterra y se bajaron del barco en Portland. Comenzaron a hacer prospecciones en los campos de oro de Victoria. Nuestra familia nunca encontró mucho oro, pero sí una buena vida aquí, en Australia.

Pero el calentamiento global fue una amenaza particular para su país, ¿no es así?

Recuerde que Australia es un continente, una isla y un país, las tres cosas. Otros continentes tienen sus desiertos y sequías, pero Australia tuvo más de ambos. Somos el continente más seco fuera de la Antártida, con el nivel de precipitaciones y el caudal medio fluvial más bajos por un amplio margen. Si usted hubiera observado un mapa de nuestras zonas climáticas a principios de siglo, habría visto que la mitad de Australia era efectivamente un desierto y otra cuarta parte eran praderas. Hoy, los pastizales casi han desaparecido, a medida que los desiertos van ganando terreno. Sólo a lo largo de la costa, en particular en Nueva Gales del Sur, Australia tenía suficiente lluvia en ese entonces para que contara algo. No podíamos permitirnos perder una gota.

Dicho esto, mi lectura de la historia es que la familiaridad de Australia con la sequía resultó ser un beneficio. No teníamos que imaginar lo que ocasionaría una sequía severa; más de una ya lo había ocasionado.

La sequía es tan importante en la historia de Australia que varias cláusulas de nuestra Constitución se refieren a ella. De hecho, si no fuera por la sequía, los estados australianos podrían ser un conjunto de países pequeños e independientes como Europa, en lugar de una federación como Estados Unidos. Digo eso porque en la década de 1890, una terrible sequía mató a la mitad de las ovejas y el ganado de Australia, lo que provocó una grave recesión. Esa sequía fue la razón principal por la que las seis colonias se unieron en un estado libre asociado. Como era de esperar para una tierra tan seca, estuvieron a punto de fracasar las negociaciones sobre la cantidad de agua que recibiría cada estado. El problema fundamental fue que, en la mayor parte de su extensión, nuestro río Murray forma la frontera entre Nueva Gales del Sur y Victoria, y abastece de agua a cuatro de los seis estados de Australia. Como en las eternas batallas por el agua entre los estados de California y Arizona, cada uno pensó que merecía la mayor parte del agua. Supongo que aquellos que pensaron que un río era un límite ideal entre estados, no habían contado con que el río se estuviera secando.

En 1915, Australia adoptó el Acuerdo sobre las Aguas del río Murray, en el que los estados río arriba garantizaban caudales mínimos río abajo, y el resto se dividía en partes iguales. Eso, a su vez, inició una gran cantidad de construcciones: represas, diques, esclusas y otras obras hidráulicas que dejaron al Murray y su principal afluente, el Darling, como poco más que un sistema hidráulico.

A finales del siglo XX, el Murray-Darling proporcionaba la mayoría del agua de riego de Australia. Como gran parte de nuestra agricultura depende del riego, tuvimos que chupar hasta la última gota del Murray-Darling; de hecho, lo chupamos hasta dejarlo seco. Para el año 2000, habíamos consumido más de tres cuartas partes del caudal del río, tanto que su desembocadura comenzó a sedimentarse. El bajo Murray se volvió peligrosamente salado y las carpas no nativas expulsaron a los peces nativos, con lo que varias especies fueron exterminadas. El río se encontró tan amenazado que los funcionarios australianos desecharon el antiguo pacto y lo reemplazaron por un nuevo acuerdo. Contenía algunas disposiciones radicales que prometían salvar el río, si algo se podía hacer: los regantes ya no recibirían subsidios federales y tendrían que pagar más, lo cual los disuadió de usar el agua del río. Los agricultores, y no los contribuyentes, pagarían para mantener la infraestructura del río. El uso del agua para preservar el medio ambiente recibiría la misma prioridad que los usos comerciales. Los agricultores y los regantes podrían intercambiar agua tanto dentro de los estados como entre ellos. El acuerdo colocó a Australia por delante de la mayoría de los países en la gestión del agua, pero, viéndolo en retrospectiva, estas medidas resultaron ser insuficientes y se aplicaron demasiado tarde.

¿Cuándo se dieron cuenta de que todos sus esfuerzos podrían no ser suficientes?

Hubo dos acontecimientos en 2028 que en verdad nos conmocionaron. Uno se refería a nuestro evento atlético característico, el Abierto de Australia, el torneo de tenis que llevó a Australia y a nuestra entonces hermosa ciudad de Melbourne al escenario mundial. La temperatura había aumentado en el evento durante la década de 2010, incluso mientras nuestros líderes australianos seguían negando el calentamiento global. A finales de 2019, estallaron los peores incendios forestales en la historia de un país de fuego y quemaron un área casi cinco veces mayor que Suiza, aunque resulte difícil creerlo. ¿Eso cambió la cantaleta de los negacionistas? No, siguieron cantando, pero más fuerte.

Luego, en 2020, varios partidos tuvieron que ser suspendidos debido a las altas temperaturas y a la nube de humo provocada por esos incendios. Durante los años siguientes, los jugadores usaron bolsas de hielo durante los cambios de cancha y cada año hubo que retrasar más partidos o realizarlos de noche. El problema era que una cancha de tenis de superficie dura absorbe el calor durante el día y lo desprende por la noche, por lo que el paso a los partidos nocturnos no ayudó mucho. Algunos de los mejores jugadores comenzaron a boicotear el torneo. Luego, en 2028, durante la final de dobles mixtos, dos jugadores murieron debido a un golpe de calor, justo frente a miles de personas en las gradas y millones de espectadores en casa. Ése fue el último partido que se jugó en el Abierto de Australia. También ese año, las 600 millas [966 kilómetros] más bajas del río Murray se secaron por completo. Perder tanto el Abierto como el Murray nos dejó realmente conmocionados.

Nuestra Organización de Investigaciones Científicas e Industriales de la Commonwealth (CSIRO, por sus siglas en inglés) nos había advertido ampliamente de que el calentamiento global era real y peligroso. Nos dijeron que Australia tenía las emisiones de gases de efecto invernadero per cápita más altas de todos los países. Además, durante la segunda mitad del siglo XX, las temperaturas en Australia se habían incrementado, en promedio,1.6 °F [0.9 °C] más de lo que había aumentado la temperatura *global* media durante *todo* ese siglo. Australia no sólo era el continente más seco, sino que puede ser que se haya convertido en el más caluroso. En el mismo medio siglo, aumentaron tanto el número de días extremadamente calurosos como el promedio de las temperaturas nocturnas. Las temperaturas nocturnas de Australia fueron particularmente reveladoras, porque nadie podía negar, como lo hicieron en Estados Unidos y en otros lugares, que las islas de calor urbano habían causado ese incremento; Australia sólo tenía unas cuantas ciudades muy dispersas. Para empeorar las cosas, la precipitación media en la cuenca Murray-Darling disminuyó entre 1950 y 2000. Pero el CSIRO nos dijo que lo peor estaba todavía por venir. Se calculó que el flujo del sistema Murray-Darling se reduciría en 5 por ciento en veinte años y en 15 por ciento en cincuenta. Pero el peor de los casos hablaba de 20 por ciento menos agua en veinte años y 50 por ciento, en cincuenta. Como sabemos hoy, el peor de los casos resultó ser la realidad.

A pesar de que Australia fue uno de los primeros países desarrollados en tomar medidas serias para adaptarse al calentamiento global, comenzar a actuar nos tomó más tiempo de lo que debería. Una de las razones del retraso fue que Australia tenía el grupo de presión sobre el carbono más organizado y poderoso de cualquier nación. Esta Mafia del Efecto Invernadero, como se les apodaba, presionó en nombre de las industrias del carbón, el automóvil, el petróleo y el aluminio de Australia a fin de evitar una legislación que les costaría dinero a sus empresas. Durante la administración de Howard, estos contaminadores obtuvieron tal acceso que de hecho redactaron proyectos de ley y reglamentos que enseguida se convirtieron en leyes o políticas con pocas o ninguna revisión. Algo similar sucedió cuando el presidente de su país, Donald Trump, puso a los antiguos grupos de presión de combustibles fósiles a cargo de agencias gubernamentales clave. Pero al igual que Estados Unidos, nosotros continuamos votando por los negacionistas del clima que se rehusaban a creer en la evidencia que tenían frente a los ojos.

¿Cómo influyó el carácter nacional australiano en su respuesta al calentamiento global?

Nuestra historia y nuestro carácter fueron importantes, por eso le di esa pequeña lección de historia cuando empezó esta charla. Si nuestros antepasados no hubieran sido gente resistente y obstinada, nunca habrían llegado a Australia y, una vez que llegaron aquí, pronto se habrían rendido. Para colonizar el continente más seco, la primera regla debía ser: "Que no cunda el pánico". Las sequías vendrían, sí, pero aprieta los dientes y aguanta y con el tiempo terminarán. A principios de este siglo, todos los australianos maduros habían pasado por al menos una sequía, cada una de las cuales finalmente había llegado a su fin. Por lo tanto, la estrategia que nos había servido era resistir, cuidar el agua y esperar. Si eras un ganadero, algunos o la mayoría de tus animales podrían morir, pero sobrevivirían los suficientes para que, cuando volviera la lluvia, pudieras reconstruir tu rebaño.

Una de las peores sequías en la larga historia de sequía de Australia se produjo a fines de la década de 1990. Las dragas en la desembocadura del Murray tuvieron que trabajar las veinticuatro horas del día para evitar que se llenara por completo de sedimentos. Cortamos sustancialmente el suministro de agua a los regantes y a la ciudad de Adelaide. Nuestra cosecha de arroz se vino abajo, lo que provocó que muchos agricultores cambiaran a las uvas de vinificación, pero la industria del vino sólo duró hasta la década de 2030. La gente puede vivir sin Riesling, pero no sin arroz.

A pesar de que en 2008 hubo buenas lluvias con el fenómeno de La Niña, la sequía había agotado los embalses y había dejado el suelo tan reseco que la lluvia no hizo mucha diferencia. Sídney estaba atravesando una de las peores sequías de su historia; en 2005, sus reservorios se encontraban gravemente agotados.

En la costa oeste, el suministro de agua de Perth había alcanzado un mínimo histórico, lo que provocó que la ciudad construyera plantas desalinizadoras. Nuestros científicos y el nuevo gobierno de Rudd nos dijeron que estas condiciones podrían volverse permanentes y que debíamos actuar, pero decidimos ignorarlos y elegir una sucesión de primeros ministros negacionistas. Sin embargo, para mediados de la década de 2020 habíamos recuperado la cordura y decidimos enfrentar los hechos y tomar al toro por los cuernos, como verdaderos australianos de pura cepa.

¿Cómo funcionaron las plantas de desalinización para Australia?

De hecho, uno de nuestros primeros pasos a principios de siglo había sido la construcción de plantas de desalinización en Adelaide, Perth y Sídney. No se suponía que las plantas produjeran toda el agua que cada ciudad necesitaría, pero sí la suficiente para marcar la diferencia. La planta de Perth, por ejemplo, cuando funcionaba a plena capacidad, abastecía alrededor de 17 por ciento de las necesidades de agua de la ciudad a principios de siglo. Pero a medida que los habitantes de Perth preservaban el agua, la fracción suministrada por la desalinización aumentó. En 2000, el consumo de agua per cápita en Perth era de alrededor de 130 galones [492 litros] por día. El solo hecho de restringir a dos días a la semana el uso de aspersores para regar céspedes y jardines redujo el consumo a 110 galones [416 litros] por día. A finales de los años veinte, Perth prohibió el uso de aspersores y cerró sus campos de golf. Claro, se quejaron los golfistas, pero para entonces hacía aún más calor y estaba más seco, así que sus alaridos de aflicción deben haber desatado muchas risas, eso es seguro. Pasamos a la reutilización total de las aguas grises, el drenaje de las duchas y del lavado de la ropa, lo cual representaba aproximadamente un 30 por ciento del consumo doméstico. Perth prohibió crear nuevos jardines y comenzó un programa de "efectivo por césped" para pagar a los propietarios existentes para que quitaran el pasto y lo reemplazaran por un xerojardín, cactus, piedras o lo que quisieran, siempre y cuando se viera bien y no necesitara agua. Se prohibieron las regaderas y se subsidió a los propietarios de las viviendas para que pudieran reacondicionarlas. Elevamos el precio del agua municipal hasta el punto en que dolía y adoptamos un sistema de precios escalonados de manera que la tarifa fuera mayor cuanto más agua se usara. A principios de siglo, los agricultores pagaban por el agua menos de una décima parte que los usuarios municipales. La mayoría de las ciudades descubrieron que no podrían salirse con la suya subiendo el precio a los regantes hasta que hubieran eliminado por completo el agua para céspedes y jardines. Una vez que eso sucedió, el precio para los agricultores comenzó a subir drásticamente y la cantidad que ellos usaban disminuyó. Por supuesto, debíamos mantener parte de la producción agrícola, por lo que ajustábamos el precio del agua de riego continuamente a fin de no llevar a los agricultores a la quiebra.

Perth estaba preparada para colocar válvulas de cierre automático en las líneas de agua residenciales, pero nunca llegó a eso. Para 2030, el consumo de agua per cápita había caído a 50 galones [189 litros] por día, lo que significaba que la planta de desalinización podía suministrar casi la mitad del consumo total de agua de Perth. Las plantas desalinizadoras necesitan mucha energía, pero la de Perth la obtenía de un parque eólico. Entonces, a diferencia de la mayoría de las otras plantas de desalinización, su operación no costaba mucho y tampoco aumentaba las emisiones de gases de efecto invernadero. Sin embargo, en última instancia, tanto en Australia como en los otros lugares, la desalinización podía ayudar, pero no resolver el problema.

Intentamos también reducir nuestras emisiones de CO_2. En los primeros años del siglo, no teníamos ningún requisito de millaje para los automóviles. Para 2030, habíamos introducido un requisito de 80 millas por galón. Aun cuando la industria automovilística se había quejado de que no sería capaz de producir automóviles con una eficiencia de combustible tan alta con un beneficio, terminó por hacerlos, y la gente acudió en masa a comprarlos. Hoy, por supuesto, los pocos autos que circulan por la carretera son eléctricos y funcionan con paneles solares. Para encontrar un automóvil que funcione con gasolina, tendrá que acudir a un museo, si es que encuentra alguno abierto. Pero lo más insidioso del calentamiento global fue que un país por sí solo podía hacer poco. Era necesario que todos los países actuaran juntos, pero no sucedió así. En la década de 2020, a medida que nos volvíamos más duros e intentábamos todo aquello en lo que podíamos pensar para reducir las emisiones, los japoneses, asustados por el accidente nuclear de Fukushima, ¡construyeron veintidós plantas nuevas de carbón!

Nos dimos cuenta muy pronto de que si la población de Australia crecía, las nuevas personas simplemente consumirían más de todo, cuando en realidad tendríamos menos de todo, a excepción del calor. Entonces, un aumento de, digamos, 10 por ciento en la población habría significado una disminución de 10 por ciento en nuestro nivel de vida. Para evitarlo, restringimos la inmigración a neozelandeses, estudiantes, migrantes calificados y trabajadores temporales. Si una persona no pertenecía a alguno de esos grupos, no podía ingresar a Australia salvo para una breve visita. Reforzamos nuestro departamento de inmigración para hacer cumplir esas reglas.

Aunque la tasa de fecundidad necesaria para una población estable es de aproximadamente 2.1 hijos por mujer, a principios de siglo la tasa de Australia era de sólo 1.76. Eso significó que no tuvimos que implementar controles de población como lo hicieron muchos otros países. Sin embargo, sólo para estar seguros, establecimos un programa educativo masivo que mostraba lo que sucedería si la población de Australia aumentaba tanto en los siguientes cincuenta años como lo había hecho en los cincuenta previos, y pedimos a cada familia que hiciera su parte. A pesar de la objeción de la Iglesia católica, proporcionamos todas las formas de anticoncepción sin costo alguno. Hicimos que los abortos fueran seguros, fáciles de conseguir y gratuitos, sin preguntas. El resultado fue que la población de Australia disminuyó de veintidós millones en 2010 a dieciocho millones en 2050. Esa reducción tuvo el mismo efecto per cápita que si hubiéramos aumentado los recursos en alrededor de 20 por ciento.

Pocos países se adaptaron al calentamiento global tan bien como Australia y estamos orgullosos de eso. Conocíamos la sequía como pocos y usamos ese conocimiento a nuestro favor. Pero teníamos otra ventaja: nuestro aislamiento. Como el mundo ha aprendido por las malas, los países que mejor se adaptaron al calentamiento global se convirtieron por lo común en mecas para los refugiados climáticos. Si Australia hubiera tenido vecinos al otro lado de una frontera, como la suya con México, o incluso al otro lado de un mar fácilmente navegable, como el estrecho de Gibraltar, sin duda los refugiados climáticos también nos habrían invadido. Pero no tenían forma de llegar aquí, excepto en barco. Algunos lo intentaron en botes improvisados desde Filipinas e Indonesia, pero nuestra guardia costera los detectaba pronto.

Por otro lado, nuestro aislamiento y el colapso de los viajes internacionales destruyeron nuestros ingresos turísticos. La Gran Barrera de Coral solía generar casi siete mil millones de dólares anuales, pero ¿quién querría venir a ver su esqueleto? ¿Quién querría observar a Uluru en medio de la nada? Cualquiera que quiera ver la desolación, tal vez ni siquiera necesite salir de casa.

Aun así, en conjunto, creo que nuestro aislamiento ayudó. Es extraño pensar que la ubicación de Australia en las antípodas, que fue la razón por la que los británicos enviaron a nuestros antepasados prisioneros a esta isla en primer lugar, resultó ser nuestra salvación.

¿Qué le depara el futuro a Australia?

Nadie puede saberlo, ¿verdad? Nuestro aislamiento ciertamente ha dejado nuestro destino en nuestras manos. Dado que el comercio internacional y el transporte marítimo se han interrumpido, lo que sea que necesitemos lo debemos cultivar o fabricar nosotros mismos. Me duele decir esto, pero un país tan seco y sin forma de importar productos no puede alimentar a tanta gente como la que ahora vive en Australia. Nuestros agrónomos estiman que si se abandona la mayor parte del oeste y el interior, y se concentra a la gente en áreas que todavía tienen suficiente lluvia y no son insoportablemente calurosas, Australia podría sostener una población de alrededor de diez millones. Suponiendo, por supuesto, que el calentamiento global no empeore de manera constante. Entonces cualquier cosa puede pasar aquí y en todas partes.

Doctora Emerson, si hace décadas la gente hubiera podido prever el futuro y comprender lo que le sucedió a Australia, ¿cuál cree que hubiera sido la lección?

Esa pregunta me hace pensar en mi abuelo. Cuando era joven, le encantaba leer ciencia ficción de los años posteriores a la Segunda Guerra Mundial. En particular, un género llamado ficción postapocalíptica, en el que los autores imaginaban el mundo después de una guerra nuclear global. Cuando era adolescente, encontré muchos de esos libros en su biblioteca y los leí. Algunos tenían un inmenso poder: recuerdo *La tierra permanece*, *Cántico por Leibowitz* y, en especial, *La hora final*, del famoso autor Nevil Shute. Estos libros hicieron que los lectores entendieran el verdadero peligro de una guerra nuclear y, sin duda, ayudaron a prevenirla. Ninguno tuvo más impacto que *La hora final*. Se ubicaba después de una guerra nuclear en el hemisferio norte, pero antes de que las consecuencias mortales llegaran a Australia. Sin embargo, se estaban acercando y todos lo sabían, lo que daba una poderosa sensación de muerte inminente a los australianos y a la tripulación de un submarino estadunidense que se encontraba estacionado en Australia.

La hora final le mostró a la gente de todo el mundo que ningún rincón de la Tierra, por distante y aislado que se encuentre, puede escapar a los efectos de la guerra nuclear global. Lo mismo ocurre hoy en día con un desastre global que nadie en la época de Shute habría podido imaginar. Australia está tan bien posicionada como cualquier otro país para evitar lo peor del calentamiento global. Sin embargo, aunque tal vez tome algo más de tiempo, sus efectos llegarán; ya no hay duda de que eso sucederá, lo único que no sabemos es cuándo. Para la gente del mundo, no hay ningún refugio a salvo del calentamiento global. La atmósfera, que Shute imaginó llevando las mortíferas precipitaciones atómicas y que ahora lleva un exceso de CO_2, llega a todas partes. Ésa habría sido la lección para la generación de nuestros abuelos: si dejas que el calentamiento global ocurra, ningún país podrá escapar.

La otra cara del paraíso

Patrick Thornton es profesor jubilado de la Universidad de California en Santa Bárbara. Su especialidad académica fue el papel del calentamiento global provocado por el hombre en los incendios forestales, lo cual, es triste decirlo, llevó su laboratorio justo hasta la puerta de su casa.

Profesor Thornton, cuénteme cómo se estableció su familia en Santa Bárbara.

Originalmente, éramos kiwis.* Mi abuelo fue el primero; llegó en la década de 1960. Finalmente se convirtió en profesor de geología en la Universidad de California en Santa Bárbara. Su hijo, mi padre, hizo lo mismo, así que yo lo traía en la sangre y me convertí en la tercera generación en dar clases allí. Santa Bárbara es donde nuestras raíces se establecieron y fue un gran lugar, con una de las mejores universidades del mundo y el insuperable clima mediterráneo. Se podría decir que Santa Bárbara todavía tiene un clima mediterráneo, porque ambos lugares son 8 °F [4.4 °C] más calientes que cuando llegaron mi abuelo y mi abuela. O podría decirse que ya no existe el clima mediterráneo.

* "Kiwi" es el gentilicio que los neozelandeses suelen utilizar para sí mismos. *(N. del T.)*

Lamentablemente, la Universidad de California en Santa Bárbara es una pálida sombra de lo que fue en su apogeo; la base impositiva que sostenía el sistema de esta universidad se redujo más de lo que nadie podría haber imaginado cuando nací, en 2005. Las grandes universidades fueron uno de los mejores inventos humanos, pero ahora todas están sufriendo y muchas ya han cerrado. Para fines de este siglo, varias más lo habrán hecho y en algún momento del próximo siglo, la última universidad habrá desaparecido.

Bien podríamos preguntarnos por qué, si las universidades tuvieron tanto éxito en la educación de la gente, sus millones de alumnos no se levantaron para detener el calentamiento global provocado por el hombre.

Una de las cosas más difíciles de ser académico y científico del clima en este siglo no es sólo la disminución de la financiación para la educación superior. No, lo que en realidad dolió fue que la opinión pública y los políticos, las mismas personas que habían entregado nuestro país a los negacionistas del clima y cuyo apoyo necesitábamos, se volvieran contra la clase educada en general y contra los científicos en particular. Nos convertimos en los villanos, las víctimas sobre las que dejaron caer todas las culpas. Sin embargo, a diferencia de la mayoría de la gente, cuando mis hijos me preguntan qué hice para tratar de detener el calentamiento global provocado por el hombre, yo sí puedo responderles. Mis colegas científicos y yo lo intentamos, pero fracasamos. Eso es mejor que ni siquiera haberlo intentado.

¿Cómo afectó el calentamiento global a su ciudad natal de Santa Bárbara?

La ciudad se encuentra entre el canal de Santa Bárbara al sur y, a sólo unas millas al norte, las montañas de Santa Ynez. Recuerdo a un amigo que practicaba surf por la mañana y, sólo para demostrar que podía hacerlo, se subía a su auto y se dirigía a las montañas y esquiaba por la tarde. El distrito comercial estaba cerca de la costa y las residencias se encontraban tierra adentro, de modo que la ladera ascendente les brindaba a muchos residentes de Santa Bárbara una vista maravillosa de la ciudad y de las Islas del Canal. Es raro verlas ahora debido al humo de los incendios forestales, aunque ha comenzado a disminuir a medida que quedan menos hectáreas por arder.

Conforme avanzaba este siglo mortal, lo que había sido una gran atracción se convirtió en amenaza. Las montañas y la playa empezaron a parecer los dientes de un tornillo que exprimía la vida de Santa Bárbara, obligando a la ciudad a librar una guerra en dos frentes, por lo general una batalla perdida. Permítame comenzar con el mar, luego hablaré sobre el fuego.

En 2012, la ciudad de Santa Bárbara encargó un informe para evaluar su nivel de vulnerabilidad ante el aumento del nivel del mar a finales del siglo XXI. El informe predijo que el nivel del mar podría aumentar para entonces 6.5 pies [2 metros], el extremo más alto de tales proyecciones y algo que los negacionistas del clima ridiculizaron. Pero la proyección resultó ser precisa.

La costa de California es diferente del litoral atlántico, donde es principalmente playa desde Nueva Jersey hasta Cayo Hueso. Aquí tenemos nuestras playas, pero también acantilados e incluso montañas frente al mar, como en Big Sur. Por lo tanto, tuvimos que preocuparnos no sólo por perder nuestras playas debido a un aumento en el nivel del mar, sino también por las altas temperaturas del agua y las tormentas más fuertes, que desencadenaron más erosión, socavaron e hicieron que retrocedieran los acantilados marinos, con lo que las casas construidas en ellos se derrumbaron. La erosión de los acantilados marinos siempre había sido un problema en Santa Bárbara, pero este siglo ha visto cómo la situación empeora dramáticamente. En la mayor parte del mundo, vivir en tierras altas era una protección contra las inundaciones, pero si la casa estaba en un acantilado costero, entonces había un problema peor del que preocuparse.

El informe de 2012 abarcó el peligro de la erosión de los acantilados y las inundaciones, y proyectó cada uno hacia 2050 y 2100. Es triste volver atrás y leer ese informe ahora, como lo hice para preparar nuestra entrevista, y ver qué tan precisa fue su advertencia y cuán sólidas eran sus recomendaciones. Estoy seguro de que no soy la única persona que ha entrevistado que se ha preguntado si hay algo en nuestra especie que nos impida actuar, sin importar cuán clara sea la advertencia, cuando el peligro pronosticado se encuentra en el futuro. Tal vez el defecto fatal del *Homo sapiens* sea que no hacemos nada hasta que es absolutamente necesario, y para entonces a menudo es demasiado tarde.

Algunas partes del campus universitario y la cercana Isla Vista, donde vivían muchos estudiantes, se construyeron sobre acantilados marinos. Incluso en la época de mi abuelo, cuando una sección del acantilado se derrumbaba, se llevaba consigo las casas de arriba. Pero desde entonces, el nivel del mar, la altura de las olas y la frecuencia de las tormentas han aumentado, con lo que se ha acelerado la tasa de erosión. El informe proyectaba que el retroceso de los acantilados podría alcanzar los 160 pies [49 metros] para 2100, pero ya ha alcanzado los 200 pies [61 metros]. Gran parte de Isla Vista se ha vuelto inhabitable y varios edificios del campus cerca de los acantilados se han venido abajo.

Un vecindario deseable de Santa Bárbara era Mesa, cerca del centro y del Santa Barbara City College. Muchas casas estaban a 50 pies [15 metros] de los acantilados. Se proyectó que el borde del acantilado de Mesa retrocedería 525 pies [160 metros] para 2100, lo cual parece ser exacto, y esto hace que ahora el distrito sea inhabitable.

El informe también analizó las inundaciones y el efecto de las tormentas de cada cien años, que ahora se producen cada veinticinco, que elevan sobre 5 pies [1.5 metros] el nivel del mar. Pronosticó con precisión que el aeropuerto de Santa Bárbara, partes del campus del City College y la sección más baja de la ciudad al este del centro, tierra adentro, a quince calles de la costa, se inundarían cada pocos años. Tienen, dejando fuera las plantas de desalinización y de tratamiento de residuos, al refugio de aves y al muelle Stearns en el mismo proceso.

¿Qué pasa con la amenaza proveniente de la otra dirección, de las montañas?

La disposición particular de la tierra y el mar en Santa Bárbara, y su ubicación en la costa de California, la someten a dos tipos diferentes de vientos peligrosos que pueden avivar los incendios. Los *sundowners*, vientos marinos del norte, se originan debido a las diferencias en la presión del aire entre las montañas y el mar. Se precipitan por las laderas desde la cresta de las montañas de Santa Ynez hacia el océano. A medida que el aire desciende, se calienta, se seca y fluye más rápido, lo que hace que sea casi imposible defenderse de los incendios resultantes. Cuando las laderas se incendiaban, lo cual sucedía cada vez con mayor frecuencia, los residentes de Santa Bárbara escuchaban en las noticias que los bomberos debían esperar hasta la noche para que amainaran los vientos. Por supuesto, para entonces las casas se habían quemado. Los del otro tipo, los famosos vientos de Santa Ana, también son cálidos, secos y descienden por las pendientes, pero provienen de la Gran Cuenca y afectan un área mucho mayor. A veces llegaban los vientos *sundowners* y luego, unos días después, los vientos de Santa Ana aparecían para terminar el trabajo.

Entre 1955 y la década de 2020, más de 400,000 hectáreas se quemaron en el condado de Santa Bárbara en incendios importantes, lo que equivale a 41 por ciento de su superficie total. Y quince de esos veinte incendios ocurrieron a partir de 1990. El incendio Thomas, en diciembre de 2017, consumió 115,000 hectáreas, lo que lo convierte en el más grande en la historia del estado. Luego, para el verano siguiente, se produjo el incendio del Complejo Mendocino en el norte, que quemó 186,000 hectáreas, rompiendo el récord estatal en seis meses. Y recuerde que esto fue cuando el calentamiento global apenas comenzaba, cuando los negacionistas todavía afirmaban que los incendios forestales estaban ocurriendo porque el Servicio Forestal de los Estados Unidos se rehusaba a limpiar los escombros y los árboles muertos que proporcionaban el combustible.

Toda persona pensante sabía que éste sería el Siglo del Fuego en California. Los incendios forestales se han convertido en un hecho constante, llenando el aire de un humo que parece que nunca desaparece por completo. Gran parte de nuestra superficie forestal nacional se ha quemado, al igual que muchas de las pequeñas ciudades en las afueras del bosque.

Uno de los aspectos más peligrosos de los incendios de California es lo que sucede después, sobre todo en la región de los chaparrales. Los incendios queman la vegetación cuyas raíces mantienen unido el suelo, de modo que el siguiente aguacero puede remover el suelo, las rocas y los escombros del fuego, para luego arrastrarlo todo y enviarlo cuesta abajo... hacia lo que sea que se encuentre abajo. Estos flujos de escombros pueden incrementar su velocidad a medida que viajan, como si se tratara de una avalancha. Si golpean un área poblada, la remoción de los escombros puede llevar años y costar más que el daño del fuego en sí mismo. Este escenario tuvo lugar en nuestra hermosa comunidad de Montecito, cuando en 2018 los escombros fluyeron hasta 15 pies [4.5 metros] de altura y viajaron a 20 millas por hora [32 kilómetros por hora], destruyeron cien casas y mataron a veintiún personas. Dejó la crucial autopista 101 bajo lodo y rocas que tardaron meses en ser removidas.

Hasta ahora, he estado hablando de los incendios más grandes, los que quemaron cientos de miles de hectáreas, los que atraen nuestra atención. Por supuesto, la gran mayoría de los incendios son más pequeños, pero también destruyen hogares y vidas antes de que los bomberos consigan apagarlos. Mis abuelos estuvieron a punto de perder su hogar en uno de ésos, en 2018: el Fuego Holiday, llamado así por una de sus calles. Con 45 hectáreas, palideció en comparación con el gigantesco incendio Thomas. Sin embargo, el Holiday destruyó diez casas, casi incluida la de mis abuelos, y su lucha costó un millón quinientos mil dólares. Estos pequeños incendios se volvieron mucho más comunes, hasta el punto de que sucederían dos o más al mismo tiempo, mientras que los bomberos tenían los recursos para combatir sólo uno. Esto solía ser un problema menor porque cuando se producía un incendio en un área, los departamentos de bomberos de todo el estado, e incluso más allá, se apresuraban a brindar asistencia. Pero cada vez con más frecuencia, los departamentos de bomberos se mostraban reacios a dejar su área de responsabilidad por temor a que se produjera un incendio allí y se saliera de control antes de que pudieran regresar para combatirlo.

En mis archivos tengo un mapa de incendios de 2020 que mostraba dónde se había quemado cada parte del estado desde 1950. Mostraba las áreas de incendio en diferentes colores por año y las áreas no quemadas en blanco. Había tantos que el mapa parecía una colcha de retazos. Aun así, algunas áreas se habían salvado en gran medida; por ejemplo, el Valle Central, donde había poca madera para alimentar un gran incendio. Una zona de incendios corría hacia el sureste por el lado este del estado, donde se encuentran los parques nacionales y los bosques; otra, bajaba por la cordillera de la costa al oeste del Valle Central. Debajo de Bakersfield, las dos zonas se encontraban y continuaban hacia el sur como una sola, hasta la frontera con México. Cuando estudié este mapa, al principio de mi carrera, era obvio que mostraba los lugares donde las condiciones eran favorables para el fuego y, por lo tanto, donde era más probable que ocurrieran incendios futuros.

Si actualizáramos el mapa ahora, a algunos condados ya no les quedarían áreas sin quemar. Aquellos que mostraba el mapa que se habían quemado a menudo, ahora se habrían quemado nuevamente, de manera que se requeriría el uso de diferentes patrones, además de los colores, para hacer que el mapa fuera legible. Nuestro vecino condado de Ventura ya mostraba estos patrones en el mapa antiguo, así como una franja en blanco. Ahora mostraría un color sólido de una línea de condado a la otra, con colores y patrones colocados uno encima del otro. En realidad, hoy el mapa del condado de Ventura necesitaría capas tridimensionales para poder diferenciar los incendios.

Antes de terminar, cuénteme cómo afectaron los incendios de California a sus dos grandes compañías eléctricas.

En pocas palabras, el fuego las llevó a la quiebra. La mayoría de los incendios de California fueron causados por humanos, más que por relámpagos. Y la mayoría de los causados por humanos se debieron a fallas en los equipos de las compañías de energía, de un tipo u otro. Las líneas eléctricas se cortan y producen chispas, los cables pueden tocar una rama de árbol seca y mal recortada, y provocar un incendio. Es en verdad asombroso pensar que incendios tan grandes pueden comenzar a partir de un puñado de chispas en el lugar equivocado.

La ley de California requería que las compañías eléctricas reembolsaran a los propietarios los daños causados a sus equipos. Las empresas también fueron demandadas por grupos de consumidores por montos que ascendían a decenas de miles de millones. Las dos grandes compañías eléctricas de California, Pacific Gas and Electric y Southern California Edison, vieron sus bonos degradados a basura y se declararon en quiebra. Ambas cerraron en la década de 2020 y el estado tuvo que intentar convertirse en el proveedor de energía. Las empresas privadas de servicios públicos se convirtieron en una víctima más del calentamiento global.

La gente solía decir que el fuego era la nueva normalidad en California. A los científicos no nos gustó esa frase, porque implicaba que el mundo había pasado de un nivel estable a otro. En cambio, hay una nueva normalidad cada año. Supongo que el concepto juega con nuestro deseo inherente de creer que si tan sólo logramos atravesar un periodo de cambios, llegaremos a un nuevo periodo de estabilidad al que luego podremos adaptarnos. Pero ¿qué pasa si ya no existe lo normal, si el cambio en sí mismo se ha vuelto normal?

El futuro del fuego en California y el futuro del aumento del nivel del mar difieren de una manera macabra. En algún momento, gran parte de lo que se puede quemar se habrá quemado, y el número de nuevos incendios y hectáreas calcinadas alcanzará su punto máximo y comenzará a disminuir, como ya parece estar sucediendo. Nadie sabe cuánto de California será habitable para entonces. Pero el nivel del mar seguirá subiendo, comprimiendo a los residentes de Santa Bárbara en una zona habitable cada vez más pequeña entre el mar y las laderas de las montañas. Para los habitantes de Santa Bárbara, así es como termina el paraíso.

SEGUNDA PARTE

INUNDACIONES

Una ciudad maravillosa

La doctora Vivien Rosenzweig era directora del Centro de Investigación de Sistemas Climáticos de la Universidad de Columbia, ahora ubicado en Poughkeepsie, Nueva York.

Doctora Rosenzweig, sé que usted estaba consciente de que la ciudad de Nueva York era vulnerable a los efectos del calentamiento global. Pero ¿alguna vez imaginó que eso haría que su centro tuviera que moverse 75 millas [121 kilómetros] río arriba del Hudson?

Los científicos sabíamos que el calentamiento global sería algo malo, muy malo. Pero incluso nosotros nos vimos sorprendidos cuando los fenómenos meteorológicos extremos que habíamos pronosticado para los años treinta y cuarenta, empezaron a aparecer en los años diez y veinte. Nos preocupaba que nuestros modelos climáticos no hubieran captado toda la información imaginable, y parece que tuvimos razón. Hablando a título personal, nunca imaginé que las cosas en la ciudad de Nueva York se pondrían tan mal que Columbia y otras universidades tendrían que cancelar algunas de sus operaciones y, como podemos ver hoy, en muchos casos cerrar por completo. Los fideicomisarios de Columbia se habían despojado de las acciones de la universidad en compañías de carbón, pero retuvieron las de Big Oil hasta que fue demasiado tarde para que hubiera una diferencia. Ojalá los fideicomisarios de los años veinte estuvieran vivos para mirar hoy a su alrededor y ver lo que ha logrado su política. Tuvimos la suerte de poder mudarnos aquí, pero en esta nueva era, la suerte es sólo temporal. Todo esto me entristece terriblemente y tendremos que responder a sus preguntas antes de que me desanime demasiado para sostener una conversación inteligente.

Sí, sabíamos que la ciudad de Nueva York era vulnerable, y por dos razones en particular. Primero, como muchas otras ciudades, las instalaciones públicas de Nueva York habían terminado en un terreno que nadie quería comprar y que, por lo tanto, estaba disponible a bajo costo. Gran parte de las instalaciones de tratamiento de aguas residuales y de agua de Nueva York, por ejemplo, se encontraban a sólo unos cuantos pies sobre el nivel del mar. Muchas de las líneas del metro estaban por debajo del nivel del mar. Los tres aeropuertos tenían elevaciones de sólo 10 a 20 pies [3 a 6 metros], como tuvo que darse cuenta cualquiera que haya volado al aeropuerto LaGuardia antes de que éste cerrara. Cuando una gran tormenta se apoderó de los mares que el calentamiento global había hecho subir, estas operaciones públicas de baja altitud, pero vitales, serían las primeras en fallar.

La segunda vulnerabilidad era que Nueva York se encontraba en el camino de las tormentas desde dos direcciones diferentes: los huracanes que subían desde el sur y los nororientales que bajaban de Nueva Inglaterra. Los del noreste tienen una velocidad de vientos más baja, pero a menudo permanecen más tiempo, lo que les da tiempo a las inundaciones para llegar más lejos en las calles y edificios de la ciudad.

Déjame repasar un poco de historia. Una de las primeras grandes tormentas registradas azotó Nueva York en 1821. El ojo impactó directo en la ciudad y en una hora arrojó una marejada ciclónica de 13 pies [4 metros], que inundó el bajo Manhattan tan al norte como Canal Street. En 1893, una tormenta destruyó Hog Island, frente a la costa sur de Long Island. La gran tormenta de 1938, conocida como Long Island Express, levantó una pared de agua de 33 pies [10 metros] de altura y mató a setecientas personas. Luego, en septiembre de 1960, el huracán Donna, una tormenta de categoría 3, levantó una marejada de casi 11 pies [3 metros]. Donna inundó el bajo Manhattan casi hasta el nivel de la cintura en el sitio donde más tarde estaría el World Trade Center. Los aeropuertos recortaron el servicio, y el metro y las carreteras cerraron. En diciembre de 1992, una tormenta del noreste azotó con vientos de 80 millas por hora [130 kilómetros por hora] y un oleaje que alcanzó de 20 a 25 pies [de 6 a 7.5 metros], lo que provocó algunas de las peores inundaciones en la historia de Nueva York. El huracán Floyd, una tormenta de categoría 2, llegó en septiembre de 1999 y arrojó 16 pulgadas [400 milímetros] de lluvia en veinticuatro horas. Por fortuna, Floyd llegó con la marea baja y ya se estaba debilitando, por lo que no produjo una gran marejada ciclónica.

Lo que estoy trayendo a nuestra memoria es que en el siglo XX ya se había demostrado que Nueva York era susceptible a los fenómenos meteorológicos extremos. A medida que avanzaba el siglo XXI, los océanos se calentaron y, para 2060, provocaron un aumento de la intensidad de los huracanes, de modo que lo que habría sido una tormenta de categoría 3, con vientos máximos de 130 millas por hora [210 kilómetros por hora] ahora probablemente sería de categoría 4, con vientos máximos de 155 millas por hora [250 kilómetros por hora].

Como bien sabes, clasificamos las inundaciones y otros fenómenos meteorológicos extremos según su frecuencia. La inundación de cada cien años tiene 1 por ciento de probabilidades de que ocurra en un año determinado. Esto no significa que una vez que haya ocurrido esa inundación, estemos libres de problemas durante los próximos noventa y nueve. A principios de siglo, Houston tuvo tres de las llamadas tormentas de cada quinientos años en sólo tres. Los científicos estimaban la frecuencia de las tormentas a partir de experiencias pasadas pero, como descubrimos con el calentamiento global, el pasado ya no es una guía sólida para el futuro. Quiero subrayar eso y aplicarlo de manera más amplia: a lo largo de la historia de la humanidad, las personas han estimado el riesgo basándose en el pasado. No se construían casas en una llanura fluvial conocida ni demasiado cerca de la línea de marea más alta en la playa. Cuando se construía un sistema de riego, digamos en el Valle Imperial de California, se asumía que el flujo del río Colorado variaría, pero que en promedio permanecería igual. Y podríamos seguir con otros ejemplos similares. Sin embargo, al quemar combustibles fósiles, eliminamos el pasado como guía para el futuro, lo cual representa un grave peligro para la humanidad.

A medida que el calentamiento global hizo que el nivel del mar y la intensidad de las tormentas aumentaran, y que las inundaciones y las marejadas llegaran más lejos en la ciudad, la inundación de cada cien años se convirtió en la de cada cincuenta años, luego en la de cada veinticinco años y, ahora, en la de cada diez años. Es difícil vivir y hacer negocios sabiendo que una gran inundación tiene diez veces más probabilidades de lo que solía ser.

La gran tormenta del noroeste de 2028, llamada Alphonse, se parecía a la del noroeste de 1992, en el sentido de que se trasladó al área de Nueva York más rápidamente de lo que se había pronosticado, pero una vez que llegó allí, se detuvo y llovió durante días. El momento no podría haber sido peor, ya que la tormenta llegó en luna llena y se mantuvo durante cuatro mareas crecientes. Cortó todo el sistema del metro de la ciudad de Nueva York y dejó a la gente varada en trenes y estaciones. Algunas de las estaciones del metro del bajo Manhattan se inundaron hasta el techo. Se necesitaron meses para eliminar el agua salada y reemplazar los equipos eléctricos corroídos y en cortocircuito, para volver a poner en funcionamiento el metro. El enlace de transporte PATH, entre la ciudad de Nueva York y Nueva Jersey, tuvo que cerrarse durante casi un mes. Las pistas del aeropuerto LaGuardia estaban bajo un pie de agua salada que tardó días en drenar. Seis pies y medio [2 metros] de agua cubrieron el FDR Drive, y muchas otras carreteras en el bajo Manhattan se inundaron. La tormenta destruyó Fire Island y otras islas bajas, además de muchas casas en Westhampton y partes adyacentes de Long Island. Las aguas de la inundación dividieron temporalmente el bajo Manhattan en dos islas, partidas alrededor de Canal Street. Durante más de una semana antes de que el agua retrocediera, la gente podía llegar a Wall Street y al resto del distrito financiero sólo en barco. La tormenta costó veinte mil millones de dólares y cobró la vida de alrededor de tres mil personas, más que el huracán Katrina. Pero sólo se trataba de un disparo de advertencia.

La gran tormenta tuvo el beneficio de incitar a los funcionarios de la ciudad de Nueva York a enviar equipos para estudiar los diques y los portales marinos holandeses; esto fue dos décadas antes de que los portales de Maeslant colapsaran y dejaran entrar el agua que destruyó Róterdam. Nueva York comenzó a erigir barreras contra marejadas ciclónicas en tres puntos críticos: la desembocadura del Arthur Kill, entre Staten Island y Nueva Jersey; en el Narrows, a la entrada del puerto de Nueva York, y al otro lado del East River, justo por encima del aeropuerto LaGuardia. Las tres barreras sellarían y protegerían Manhattan, Staten Island, la península de Nueva Jersey y las secciones del interior de Brooklyn y Queens. Pero el plan dejó desprotegidas la costa sur de Long Island, Rockaways, Brighton Beach y el aeropuerto JFK. En retrospectiva, podemos ver que ésta fue una lección importante del siglo XXI: podemos salvar a algunas personas y algunas áreas, pero no podemos salvar a todos, en todas partes, en todo momento.

En el hemisferio norte, los huracanes tienen un movimiento en sentido antihorario, lo cual ocasiona que sus vientos más destructivos se encuentren a la derecha del ojo. La disposición particular del mar y la tierra cerca de la ciudad de Nueva York empeora el daño potencial de un gran huracán, ya que estos vientos del oeste en sentido antihorario canalizan agua a través de la curva cerrada entre Nueva Jersey y Long Island, directo hacia el puerto de Nueva York.

Para cuando la gran tormenta golpeó, en agosto de 2042, el efecto combinado del aumento global del nivel del mar y la disminución de la tierra en el área de Nueva York había hecho que el nivel del mar fuera 2 pies [0.6 metros] más alto que en 2000. 2042-8 fue una tormenta de categoría 3 que viajó hacia el norte sobre el Atlántico, frente a la costa de Jersey, y luego, al acercarse a la ciudad, se desvió inesperadamente unos cuantos grados al oeste, justo rumbo al peor-de-los-casos.* Hasta este punto, la tormenta había transcurrido sobre el agua y había evitado el efecto de ralentización del viaje por tierra. Tocó tierra en Asbury Park y continuó hacia el norte y ligeramente hacia el oeste sobre Perth Amboy, Elizabeth, Newark y Paterson.

La barrera marítima entre Staten Island y Nueva Jersey, así como la que atraviesa la parte superior del East River sobre LaGuardia, todavía estaban en construcción; en cuestión de horas, colapsaron. La barrera en la desembocadura del puerto de Nueva York había estado funcionando con éxito durante dos años. Pero después de veinticuatro horas de golpes continuos por vientos de 125 millas por hora [201 kilómetros por hora] y marejadas ciclónicas de 45 pies [14 metros], también colapsó. La barrera había sido construida por el Cuerpo de Ingenieros del Ejército bajo el supuesto de que el aumento del nivel del mar en 2100 sería de sólo 1.8 pies [0.55 metros], un nivel que fue superado desde 2050.

Una gran oleada de agua se precipitó hacia la parte superior de la bahía de Nueva York, atacó la base de la Estatua de la Libertad y arrasó las islas Ellis y Governors, llevándose todo consigo. Las grandes olas continuaron erosionando el pie de la estatua, hasta que finalmente una ola gigante la derribó. Allí yace inmóvil, de costado, con la antorcha apagada bajo un mar más alto de lo que sus constructores podrían haber imaginado.

* La Administración Nacional Oceánica y Atmosférica (NOAA, por sus siglas en inglés) solía dar a los huracanes nombres de personas. Cuando se quedaron sin nombres, los comenzaron a etiquetar numéricamente bajo la fórmula de año guion mes, y el resto del mundo adoptó esta nomenclatura.

La marejada ciclónica de 2042-8 destruyó no sólo las islas de la bahía, sino también la mayor parte de la ciudad. Una ola de 25 pies [7 metros] sumergió el aeropuerto LaGuardia. En JFK, el agua subió 33 pies [10 metros], lo que dejó al aeropuerto en ruinas. El agua inundó el túnel Lincoln hasta el techo y cientos de personas se ahogaron en sus autos. Enormes olas se estrellaron sobre el túnel Brooklyn Battery y se adentraron hasta el distrito financiero, donde inundaron entre 1 metro y 2 metros de cada edificio de la zona.

La tormenta no sólo dejó grandes franjas de Manhattan bajo el agua, sino que alcanzó Rockaways, Coney Island y otras secciones de Brooklyn. Partes de Long Island City, Astoria y Flushing Meadows Park estaban bajo el agua en Queens, así como una sección de Staten Island, desde Great Kills Harbour al norte hasta el puente Verrazano. Todo el sistema de transporte falló. La energía se cortó casi de inmediato en toda la ciudad y tomó meses restaurarla. La gente intentó salir de la ciudad en automóvil y a pie, y muchos murieron.

La escena en el puente George Washington se parecía a la del desastre del World Trade Center en 2001, con cuerpos cayendo por el aire. El saqueo fue desenfrenado. Las instalaciones policiales y médicas se vieron desbordadas. Nueva York se convirtió en algo parecido a una ciudad anárquica, y traerla de regreso al Estado de derecho se llevó casi un año.

Recuerde que el ataque al World Trade Center, aun considerando los efectos del humo y el polvo, afectó directamente sólo a una pequeña parte de la ciudad. La tormenta de 2042 causó estragos en un área mucho más grande y detuvo a toda la ciudad de Nueva York y sus áreas circundantes. Muchas empresas y organizaciones no vieron futuro en la isla y, las que pudieron, se trasladaron a zonas más elevadas tierra adentro, como tuvo que hacer mi centro. Esto, por supuesto, fue sólo el comienzo de la huida mundial desde las costas, donde ya a mediados de siglo la vida se estaba volviendo insostenible.

Mi centro y yo estamos a salvo aquí, pero ¿qué se supone que debemos hacer con nuestra seguridad? Nos dedicamos a la ciencia para hacer del mundo un lugar mejor, y eso ya no es una posibilidad. ¿Cuál es ahora nuestro propósito?

Miami Blues

Harold R. Wanless IV es el bisnieto de un distinguido geólogo de principios de siglo de la Universidad de Miami. El joven Wanless es un especialista en la historia de Florida y también el genealogista de su familia. Me encontré con él en su casa, 5 millas [8 kilómetros] al oeste de la bahía de Biscayne.

La especialidad de mi bisabuelo era la geología costera, lo que le dio una idea de cómo un aumento del nivel del mar afectaría al sur de Florida. A principios de siglo, se le pidió que presidiera el comité científico del Grupo de Trabajo sobre Cambio Climático del condado de Miami-Dade. Sabía que el trabajo lo alejaría de su propia investigación y quizá lo convertiría en portador de malas noticias. Pero vio la asignación como su deber cívico. Al leer sus cartas y artículos, puedo ver que él creía que si los científicos no decían la verdad sobre lo que el calentamiento global podría hacerle a Florida, ¿quién más lo haría?

El informe del comité, que conservo en los archivos de nuestra familia, se publicó en septiembre de 2007. Decía que, según la evidencia geológica, durante casi la totalidad de los últimos dos mil quinientos años, el nivel del mar en el sur de Florida había aumentado en un promedio de 1.5 pulgadas [38 milímetros] por siglo. Fue este ascenso gradual y lento lo que permitió que se desarrollara una costa estable de manglares y playas, lo que a su vez hizo de la costa de Florida un lugar relativamente seguro para construir. Entonces, su panel dejó caer su bomba: desde 1932, la tasa de aumento del nivel del mar se había acelerado a alrededor de 1 pie [300 milímetros] por siglo, alrededor de ocho veces el anterior promedio de los dos mil quinientos años. La causa de la aceleración, dijeron mi bisabuelo y sus colegas, había sido el calentamiento global. Ésas eran malas palabras en esos días. Un gobernador ignorante prohibió después cualquier mención del calentamiento global en los informes estatales, como si eso lo fuera a hacer desaparecer.

El comité de mi abuelo pronosticó que el nivel del mar subiría al menos 1.5 pies [0.5 metro] en los siguientes cincuenta años, y entre 3 y 4.5 pies [0.9 y 1.4 metros] a finales de siglo. En algunos recortes amarillentos lo encontré diciéndole a nuestra legislatura estatal que con un aumento del nivel del mar de 4 pies [1.2 metros] sería extremadamente difícil de vivir en el sur de Florida, y 5 pies [1.5 metros] harían la vida virtualmente imposible. Dijo que si el nivel del mar aumentaba 3.3 pies [1 metro], "los recursos de agua dulce desaparecerían; el agua de mar inundaría los Everglades en el lado oeste del condado de Miami-Dade; las islas de barrera se inundarían en gran medida; las marejadas ciclónicas serían devastadoras; los vertederos estarían expuestos a la erosión, contaminando los entornos marinos y costeros". Cada una de estas predicciones se ha hecho realidad, pero ¿alguien escuchó?

Si me perdona esta digresión, en ese momento Florida tenía un gobierno y una delegación del Congreso de Negacionistas de la Ciencia. Sin embargo, todos habían hecho el mismo juramento; lo leeré:

> Juro (o afirmo) solemnemente que apoyaré, protegeré y defenderé la Constitución y el gobierno de los Estados Unidos y del estado de Florida; que estoy debidamente calificado para desempeñar un cargo bajo la Constitución del estado, y que cumpliré bien y fielmente los deberes que ahora estoy por adquirir, así que Dios me ayude.

El juramento no menciona específicamente el bienestar de la gente, pero sólo porque se sobreentendía, así que no necesitaba ser declarado. Tenemos ejércitos no porque sepamos que la guerra se avecina, sino en caso de que esto ocurra, lo que la historia muestra que sucede a menudo. Miramos hacia delante, nos preparamos para posibles futuros. Pero los funcionarios de Florida no hicieron eso; dijeron que ellos tenían la razón sobre el futuro y que la comunidad mundial de científicos estaba equivocada. Negaron la ciencia y rompieron su juramento a Dios.

El pronóstico del grupo de mi bisabuelo era especialmente alarmante si recuerdas las cosas que hacían atractiva a Florida en ese entonces: el clima, las playas y el paisaje. Su comité se había convencido de que el calentamiento global pondría en peligro a los tres. Si Florida se volvía demasiado calurosa para que la gente disfrutara del aire libre, si sus playas se encogían bajo mares más altos, si los Everglades quedaban bajo el agua y si el clima del norte se volvía más cálido, lo que haría menos necesario que la gente volara hacia el sur con las aves migratorias, ¿todavía querrían seguir viniendo a Florida? Desde entonces descubrimos que no querrían, y no quieren.

A medida que avanzaba este siglo, los floridanos notamos que las mareas altas empujaban gradualmente el agua hacia el interior. Cada vez que visitábamos nuestra playa favorita, veíamos cómo se iba estrechando. En los Everglades, el agua subió hasta que la mayor parte del área al oeste de Miami quedó bajo el agua. Los huracanes se hicieron notablemente más fuertes. Luego, estaba el calor. Los floridanos estaban acostumbrados, pero los días extremos se volvieron casi insoportables. Un artículo del *Miami Herald* informó que la temperatura de Miami en 2035 la habría convertido en una de las ciudades más calientes del mundo en 2000, sin mencionar su humedad. Estar afuera hoy en día es arriesgar tu salud o incluso algo peor. En lo personal, lo que me resulta más difícil de aceptar es que nunca más se va a enfriar por la noche. Me gustaba sentarme en mi patio y disfrutar de la fresca brisa del mar al caer el sol, mientras bebía mi ron con agua tónica, cuando todavía se podía conseguir ron. Ya no. Seguimos saliendo a nuestros patios porque, con la electricidad racionada, la mayoría de nosotros no podemos permitirnos el uso de aires acondicionados, aunque la verdad es que sentarse afuera no es mucho mejor que quedarse dentro.

En 2056, el sur de Florida se sacó el premio mayor.

Fue el golpe final, y no es un juego de palabras. Se trató de una tormenta de categoría 4 conocida como 2056-8 que impactó directamente en Miami Beach y envió una marejada ciclónica de 33 pies [10 metros] hacia el interior. Las olas cortaron una franja de 0.5 millas [0.8 kilómetros] que destruyó el club de golf de Miami Beach y el puerto deportivo, y sobrepasó muchos edificios. Después de eso, Miami Beach tenía dos islas de barrera donde había estado sólo una y el Atlántico tenía un camino directo hacia la bahía de Biscayne. Las islas Fisher y Dodge estaban bajo el agua; las playas desde el sur de Fort Lauderdale a través de Hollywood, Miami Beach y Key Biscayne habían desaparecido.

El puerto de Miami había sido uno de los más grandes del mundo, pero la 2056-8 destruyó la instalación de contenedores de carga de Lummus Island e inundó el resto del puerto sin posibilidad de reparación. Eso dejó a Miami sin manera de manejar buques de carga; recuerde que en ese momento la industria de cruceros ya llevaba mucho tiempo cerrada.

A medida que el nivel del mar seguía subiendo, el Aeropuerto Internacional de Key West se inundó. El agua amenazaba con inundar la autopista 1, por lo que era probable que en poco tiempo Cayo Hueso quedara aislado del continente y sólo se pudiera llegar a él en barco. Eso inició un éxodo que convirtió a Key West en un pueblo fantasma.

Las mareas altas de la primavera entraron tierra adentro, a menudo inundando la parte trasera de las islas barrera. En el continente, el drenaje se volvió más lento y la sal atrofió muchos cultivos del sur de Florida. Tuvimos que abandonar la Estación de Generación de Energía Nuclear de Turkey Point y la Base de la Reserva Aérea de Homestead, ambas en tierras bajas, cerca de Homestead. Turkey Point era la sexta planta de energía más grande de Estados Unidos, y su pérdida provocó el racionamiento de la electricidad.

El clima empresarial y de bienes raíces del sur de Florida pasó del auge a su desplome. La gente simplemente se alejó de sus casas hipotecadas, dejando las llaves en el buzón. Puede caminar por vecindarios abandonados ahora y, a veces, abrir un buzón y encontrar esas llaves viejas y oxidadas.

El año pasado, el nivel del mar había aumentado 3.9 pies [1.2 metros], dentro del rango de la predicción de mi bisabuelo. A lo largo de la costa atlántica de Florida, gran parte de la tierra detrás de la playa y bordeando las lagunas interiores está bajo el agua. Miami Beach ha desaparecido. Ciudades como Fort Lauderdale y Vero Beach han perdido más de la mitad de sus tierras y la gente está abandonando el resto lo más rápido que puede.

No tiene tiempo para que yo discuta más que una pequeña parte de lo que sucedió en el sur de Florida y Miami, así que le pido que me permita concentrarme en una sección, la joya de la corona de Miami: el distrito de Brickell. A principios del siglo, la construcción en Brickell le había dado a Miami un nuevo horizonte. El área albergaba el distrito financiero, condominios de lujo en rascacielos, altas torres de oficinas, mansiones y cosas por el estilo. Brickell era "el Manhattan del sur" o "La villa de los millonarios". Pero hoy, desde el río Miami hacia el sur, hasta Rickenbacker Causeway y tierra adentro por 2 millas [3 kilómetros], la planta baja de cada edificio en Brickell se encuentra bajo el agua. Todas las sedes corporativas, los hoteles de cuatro estrellas y los condominios de lujo han cerrado, dejando sus edificios abandonados y en ruinas.

Por supuesto, Brickell se asentaba a orillas de la bahía de Biscayne, apenas por encima del nivel del mar. Tierra adentro, a unas cuantas millas, la tierra todavía está a varios pies por encima. Pero imagínese viviendo donde yo vivo, a pocas millas al oeste de

Homestead. Inmediatamente al oeste se encuentran los Everglades, por lo que no podemos escapar en esa dirección. Si conduzco mi bicicleta hacia el este, hacia la costa, veré más casas y negocios abandonados cuanto más lejos llegue, y más agua estancada varada por las mareas más altas. Sé que sólo unas millas más adelante llegaré a Miami Beach y Brickell, inundadas permanentemente por varios pies de agua de mar. Los científicos nos dicen que el nivel del mar seguirá subiendo durante el resto de este siglo y hasta bien entrado el próximo; nadie puede decir cuánto más o por cuánto tiempo. En algún momento, una marejada ciclónica en esos mares superiores llegará a mi propiedad, o tal vez de mis hijos, si por alguna tonta razón deciden quedarse. Es inevitable, ¿no? ¿Qué haría cualquier persona cuerda? Si había alguna forma, salir de aquí. Y la mayoría lo ha hecho. Nosotros, los Wanless, una larga línea de orgullosos floridanos, hemos resistido todo el tiempo que hemos podido, pero pronto nos encontraremos también en el camino, con las posesiones que podamos transportar, yendo no estoy seguro adónde. En veinte o treinta años, el sur de la Florida estará despoblado casi por completo y en algún momento de aquí a un siglo, bajo el agua, regresará al mar del que emergió. Deberían haberle hecho caso a mi bisabuelo.

Bangladesh: geografía es destino

En los primeros años del siglo, los científicos predijeron que tres países serían especialmente vulnerables al aumento del nivel del mar: Egipto, Vietnam y Bangladesh. Para conocer la historia de Bangladesh en el siglo XXI, conversé con el doctor Mohammad Rahman, un meteorólogo de alrededor de ochenta años. El doctor Rahman se comunicó conmigo desde su oficina en Dhaka. Como la mayoría de los bangladesíes de su generación, hablaba un inglés excelente.

Debe perdonarme si alguna nota de ira se cuela en mis respuestas. Es difícil ser bangladesí en la década de 2080 y no sentirla, en particular hacia ustedes, los de los países del primer mundo, como solían llamarse a sí mismos. Primero ¿por qué arruinar el mundo para todos los demás? ¿Cuántos occidentales conocen la más mínima cosa sobre nuestra historia, o les importa siquiera? ¿Cuántos sabían que para la década de 2020 la economía de Bangladesh estaba aumentando drásticamente y nuestro nivel de vida estaba mejorando? Y entonces llegó el calentamiento global que ustedes provocaron.

Ningún país demuestra mejor su expresión en inglés, "Geografía es destino". Bangladesh está apretujado entre dos fuerzas implacables de la naturaleza: al norte se ciernen los altos Himalayas, hogar de las montañas más altas de la Tierra, y los glaciares y campos de nieve que alimentan los grandes ríos que desembocan en el mar. Al sur se encuentra la Bahía de Bengala, en el norte del océano Índico, hogar de los ciclones más mortíferos de la Tierra.

Los ríos de Bangladesh transportan enormes cantidades de sedimentos erosionados de las laderas del Himalaya. Cuando llegan a las tierras bajas, los ríos vierten el cieno para crear el delta más grande del mundo, una vasta llanura costera de poca pendiente y elevación. A principios de siglo, 80 por ciento de Bangladesh estaba a menos de 33 pies [10 metros] sobre el nivel del mar y 20 por ciento estaba a menos de 3.3 pies [1 metro] por encima del nivel del mar. ¡Imagínese si, cuando comenzó este siglo, una quinta parte de Estados Unidos hubiera estado a menos de un metro sobre el nivel del mar! Sus políticos habrían entonado una melodía diferente. Los bangladesíes teníamos tantos ríos y arroyos que solíamos tener un dicho, que traduciré: "No hay un solo pueblo sin un río o un riachuelo, y un poeta folclórico o un juglar". Ahora nuestros ríos se han secado y nuestros poetas y trovadores han callado.

Quizá se sorprenda al saber que en 2000, incluidos nosotros, los bangladesíes, mil trescientos millones de personas vivían en las cuencas hidrográficas de diez grandes ríos que se originaban en el Himalaya. El derretimiento de los glaciares del Himalaya alimentaba al Ganges y Brahmaputra, que suministraban gran parte del agua de Bangladesh. Los científicos del clima nos dijeron que las montañas se calentarían más rápido que las llanuras, y tuvieron razón. A principios del siglo, los glaciares del alto Himalaya retrocedieron entre 59 y 66 pies [18 y 20 metros] cada año. El glaciar Mingyong en el monte Kawagebo, uno de los ocho picos sagrados del budismo tibetano, fue uno de los de más rápido retroceso en el mundo. Hasta aproximadamente 2040, debido a la velocidad más rápida de derretimiento, los ríos alimentados por glaciares que drenan el flanco sur del Himalaya corrían más alto que nunca en la historia, lo que hizo que las inundaciones fueran nuestra preocupación inmediata. Pero a medida que los glaciares continuaron derritiéndose y encogiéndose, cada año comenzaron a enviar menos agua de deshielo a los ríos, y entonces tuvimos el problema opuesto. En la actualidad, tanto el Ganges como el Brahmaputra se secan durante meses año tras año, lo que reduce de manera drástica el suministro de agua dulce y aumenta las decenas de millones de refugiados climáticos de Bangladesh. Este ciclo de primero inundación y luego sequía se ha repetido donde las naciones dependían de ríos alimentados por agua de deshielo glacial. Sin duda, entrevistará a otros con la misma triste historia.

Para el año 2050, el nivel global del mar había aumentado casi 3.3 pies [1 metro]. Debido a que gran parte de nuestra tierra estaba cerca del nivel del mar, el aumento y las marejadas ciclónicas más fuertes le habían costado a Bangladesh una cuarta parte de su territorio.

Los ciclones tropicales (ustedes los llaman huracanes) se habían vuelto más intensos y se internaron mucho más, tierra adentro. El mayor nivel del mar y las marejadas ciclónicas no sólo causaron más daños y muertes, sino que permitieron que el agua salada contaminara nuestras aguas subterráneas. A menudo nos vimos forzados a abandonar los campos a una distancia de hasta 25 millas [40 kilómetros] de la costa. La pérdida de tierra por la erosión y el envenenamiento por agua salada redujeron nuestra producción de arroz en dos tercios. Los cultivos también habían fracasado en Australia y otros países del sureste asiático, lo que hizo que el arroz no estuviera disponible para la importación, incluso aunque hubiéramos tenido el dinero para comprarlo. Y el arroz es el alimento básico de la dieta bangladesí. Siguió una hambruna generalizada y muchos trataron de salir de Bangladesh, creyendo, o esperando contra toda esperanza, que India y otros vecinos los acogerían.

Incluso antes del Gran Calentamiento, las inundaciones y tormentas habían desplazado hasta seis millones de bangladesíes cada año. Muchos emigraron ilegalmente a los decrépitos y miserables barrios marginales de la India. Al principio, el gobierno indio no hizo caso. Pero a medida que aumentaban las cifras, en la década de 1980, India construyó su propia "Gran Muralla", una valla de acero de 2,540 millas [4,100 kilómetros] a lo largo de toda su frontera con Bangladesh. Quizá de aquí es de donde el gobierno de Estados Unidos hace mucho tiempo obtuvo la ignorante e impracticable idea de construir una barricada a lo largo de su frontera con México. El muro India-Bangladesh costó mucho dinero y obtuvo pocos resultados. Dudo que tales barreras puedan mantener fuera a la gente desesperada. Pero ciertamente, ningún muro de ningún tipo podía resistir el ataque, la presión literal de cientos de miles, incluso millones, de refugiados climáticos para quienes en este siglo cruzar una frontera se convirtió no sólo en una ruta hacia una vida mejor, sino también para tener una vida.

A mediados de siglo, había veinticinco millones de refugiados climáticos de Bangladesh; hoy se estima que hay cincuenta millones y el número sigue aumentando. La mayoría no tiene forma de obtener ingresos ni un lugar donde vivir, excepto en los letales campos de refugiados. La mala calidad del agua, el incremento de las temperaturas, el aumento del número de mosquitos portadores de enfermedades y las insufribles condiciones sanitarias provocaron brotes de cólera, disentería, tifus y fiebre amarilla. Durante un tiempo, su país y otros más enviaron ayuda, pero, con el paso de los años, ya no tenían el dinero ni el interés para enviar ayuda al otro lado del mundo. Agencias de ayuda internacional como la Cruz Roja, la Media Luna Roja y Médecins Sans Frontières (Médicos sin Fronteras) hace tiempo que han cerrado sus puertas. En este siglo, cada nación ve por sí misma y, como ustedes dicen, el diablo se lleva al último... y el último parece ser el pueblo de Bangladesh.

Nuestra población alcanzó un máximo de ciento setenta millones de personas en 2025 y aunque nadie sabe con certeza cuántos quedan, los expertos calculan que hoy somos menos de setenta y cinco millones. ¿Cómo deberíamos llamar a lo que le ha sucedido a Bangladesh y al mundo? No podemos usar la palabra *genocidio*, porque todas las naciones y razas han sufrido y el calentamiento global no fue intencional. Pero tampoco podemos decir que fue accidental. Las naciones del mundo recibieron una advertencia justa, pero sus líderes se mantuvieron al margen y dejaron que sucediera. No sólo las naciones del primer mundo, sino países como nuestros vecinos China e India, todos fracasaron.

Ustedes, los estadunidenses, no pueden negar que sabían lo que le sucedería a Bangladesh cuando los grandes ciclones llegaran a los mares superiores de la Tierra más cálida. En diciembre de 2008, hace más de setenta y cinco años, su Universidad de Defensa Nacional llevó a cabo un ejercicio para examinar los efectos potenciales de las grandes inundaciones que enviarían a cientos de miles de refugiados de Bangladesh a la India. El estudio pronosticó que el resultado sería un conflicto religioso, la propagación de enfermedades contagiosas y daños generalizados a la infraestructura, todo eso que ya ha sucedido. Pero su país no pretendía que su ejercicio mostrara cómo proteger a Bangladesh; más bien lo hicieron para determinar las implicaciones estratégicas de tales inundaciones en Estados Unidos, como si fuéramos ratones en sus jaulas de laboratorio. Aquellos que fueron en gran parte responsables del calentamiento global tan sólo se lavaron las manos de quienes, como nosotros, ustedes se burlaban como "el tercer mundo". Nuestra sangre ha manchado sus manos y el tiempo nunca borrará esa mancha. Pero ahora ya están probando la misma medicina que nos obligaron a tragar.

Adiós, Nueva Orleans

El doctor Maurice Richard fue profesor de geología en la Universidad de Louisiana en Lafayette y un experto líder en la historia de Nueva Orleans y sus inundaciones. Su familia cajún llegó a la zona oeste de Nueva Orleans en 1765, después de Le Grand Dérangement* *que siguió a la guerra francesa e india. Nos conocimos en un paseo en barco por las ruinas de Nueva Orleans.*

Doctor Richard, gran parte de Nueva Orleans se encuentra hundida permanentemente bajo el agua. Aunque los fundadores de la ciudad no podían haber previsto el calentamiento global, hoy en día es difícil entender por qué alguna vez consideraron la desembocadura del río Mississippi como un lugar seguro para construir una gran ciudad.

Recuerde que las personas que se asentaron en América no tenían historia en el continente ni ninguna otra historia escrita en la que basarse. Tenían poca idea de la frecuencia con la que se inundaba el Mississippi o qué tan a menudo azotaban los huracanes. E incluso si lo hubieran sabido, habrían asumido que el río y el golfo se comportarían en el futuro como lo habían hecho en el pasado. El río Mississippi correría alto en algunos años y bajo en otros,

* La Expulsión de los Acadianos, en francés en el original. *(N. del T.)*

pero permanecería dentro de sus límites históricos. Los humedales continuarían protegiendo el sur de Luisiana contra las marejadas ciclónicas. Habría mareas extremadamente altas y bajas, pero el mar se asentaría y, a largo plazo, el nivel medio del mar se mantendría igual. *Plus ça change, plus c'est la même chose.** Hoy deseamos que ese dicho siga siendo cierto.

Para los nativos americanos y los primeros pobladores de este continente, un delta tenía muchas ventajas: un suministro continuo de agua; suelo excepcionalmente fértil; acceso al océano río abajo y a los asentamientos fluviales río arriba; abundantes pescados y mariscos, y la lista podría continuar. Así es como llegamos no sólo a Nueva Orleans, sino también a Alejandría, Belén, Rangún, Róterdam, Saigón, Shanghái, Tianjin y similares. Sin embargo, los deltas siempre fueron lugares arriesgados para construir, amenazados por las inundaciones que se movían río abajo, las mareas que se movían río arriba y la tierra que continuamente se derrumbaba, mantenida por encima del agua sólo por los nuevos sedimentos que llegaban de río arriba.

Pero el limo nuevo no termina en el mismo lugar que el viejo. En un delta, se forman constantemente nuevos canales y los antiguos se cierran, por lo que su paisaje está en constante cambio. Y una ciudad no puede vivir con canales cambiantes y limo errante. Una ciudad necesita que su río y sus sedimentos permanezcan en un solo lugar, por lo que construye diques para aprisionar al río en su cauce. El río se convierte en un prisionero, pero con tiempo y energía ilimitados. Nunca deja de intentar escapar; no este año, no el próximo, no en los próximos diez mil. No importa cuánto tiempo tarde, el río se desbordará. Para mantener a un artista del escape encerrado, incluso de manera temporal, los guardianes no pueden bajar la guardia ni por un segundo. Para cambiar las metáforas a mitad de camino, construir una ciudad en un delta es apostar a que se

* "Cuanto más cambian las cosas, más iguales quedan", en francés en el original. *(N. del T.)*

puede vencer a la naturaleza en su juego y hacerlo indefinidamente. Ésa es una apuesta que el hombre está condenado a perder.

Las personas que no habían pensado mucho en las consecuencias de un aumento del nivel del mar parecían imaginar que el efecto principal sería que en lugar de que el agua de su playa favorita les llegara a los tobillos, digamos, bajo el calentamiento global llegaría hasta sus rodillas. ¿Qué tan malo podía ser algo así? Pero la tierra del delta a menudo se inclina no más de 1 por ciento: 1 pie verticalmente por cada 100 pies [30 metros] de distancia lateral. En ese tipo de pendiente, cuando el agua haya subido hasta las rodillas, se habrá extendido tierra adentro otros 150 pies [45 metros]. La playa se va constriñendo y, con el tiempo, termina por desaparecer. Luego, las marejadas ciclónicas más altas llevan al mar todavía más hacia el interior. La gente debería haberse centrado no sólo en el aumento vertical del nivel del mar, sino también en cuánto más los mares superiores empujarían el agua hacia el interior y cuál sería el efecto en las ciudades costeras.

¿Qué tenía Nueva Orleans que la hacía particularmente vulnerable?

Su ubicación en un delta fue un golpe contra Nueva Orleans. Pero tuvo otros dos. Considere la familia de grandes tormentas que azotaron la costa del Golfo justo en la segunda mitad del siglo XX: Flossy, Betsy, Camille, Juan, Andrew y Georges. Nueva Orleans se encontraba en una importante zona de huracanes y los científicos habían predicho que las tormentas de este siglo serían más fuertes, y así fue.

El lago Pontchartrain, que formaba el límite norte de Nueva Orleans, fue el tercer golpe. El lago tenía sólo 13 pies [4 metros] de profundidad y su superficie estaba justo por encima del nivel del mar, por lo que era vulnerable a las aguas de tormenta que llegaban desde el cercano golfo de México. En los viejos tiempos, los diques impedían que el agua del lago cayera a la ciudad. Pero el lago Pontchartrain era un desastre a punto de ocurrir.

En 2005, golpeó un huracán que la gente temía que fuera demasiado serio, aunque tocó tierra sólo como categoría 3. El huracán Katrina dañó Nueva Orleans de tal manera que algunos, incluido el presidente de la Cámara de Representantes, dijeron que Estados Unidos debería abandonar la ciudad. Pero eso nunca estuvo en las cartas. Renunciar a una de sus ciudades con más historia detrás simplemente no estaba en el espíritu estadunidense. Los presidentes y senadores no tuvieron más remedio que prometer reconstruir Nueva Orleans y dejarla mejor que nunca.

Para 2015, el Cuerpo de Ingenieros del Ejército había gastado casi quince mil millones de dólares para reparar diques y construir nuevas estructuras para proteger Nueva Orleans. Todo en nombre de la "protección contra inundaciones", que algunos habían comenzado a llamar el nuevo oxímoron, como la cocina de aerolínea o los camarones gigantes.

La población del área metropolitana de Nueva Orleans disminuyó inmediatamente después de Katrina, pero luego, en parte debido a las protecciones prometidas, se recuperó hasta alcanzar casi lo que había sido. Tengo un antiguo artículo de periódico de entonces que cita a una de las cantantes famosas de Nueva Orleans, Irma Thomas, donde se resume la actitud de sus obstinados residentes: "Cuando te mudas a Nueva Orleans, sabes que está por debajo del nivel del mar. Sabes que es como estar en una pecera y conoces las posibilidades. Y entonces decides que aquí es donde quieres vivir".

Ninguno de los hechos geológicos e hidrológicos de la vida en un delta había cambiado; cambian sólo en una escala de tiempo geológico, no humana. El delta del río Mississippi continuó encogiéndose y disminuyendo, en gran parte porque las presas aguas arriba atrapaban más de la mitad del limo que alguna vez había bajado del Big Muddy. Los altos diques impedían que el limo se extendiera y abasteciera al delta; en lugar de ello, llevaban el sedimento hasta el borde de la plataforma continental y lo arrojaban al golfo, donde no le servía de nada a Nueva Orleans. Media hectárea de los humedales del sur de Luisiana siguió desapareciendo cada veinticuatro minutos.

Durante el siglo XX, Nueva Orleans se había hundido 3 pies [1 metro] y en este siglo siguió hundiéndose. La tierra se hunde, el nivel del mar aumenta: una combinación fatal. A principios de siglo, los científicos de la Louisiana State University habían proyectado que, para 2090, la costa del golfo habría avanzado hacia el norte hasta pasar más allá del centro de Nueva Orleans. En otras palabras, después de esa fecha, Nueva Orleans sería parte del golfo de México, no de Luisiana. La amenaza constante —o, como lo vieron algunos realistas, la inevitabilidad— radicaba en que, además de la crecida del mar y el hundimiento del delta, otro huracán estaba destinado a llegar y darle a Nueva Orleans su golpe de gracia. Puede darse cuenta con sólo observar a su alrededor de que estas predicciones fueron en su mayoría correctas.

La temida tormenta golpeó a mediados de septiembre de 2048. Si siquiera hubiera golpeado unas décadas antes, cuando las aguas del golfo eran más frías, quizá se habría clasificado como categoría 2 en lugar de la 4 a la que los mares más cálidos la promovieron. El nivel del mar habría sido más bajo y más humedales e islas barrera habrían estado presentes para proteger la ciudad.

El huracán 2048-9, que comenzó su vida como categoría 2, siguió un camino familiar para los aficionados a los huracanes, ya que siguió el rastro de una tormenta de categoría 4 que había azotado Nueva Orleans en 1915. Al igual que esa tormenta, 2048-9 llamó la atención por primera vez cuando se encontraba cerca de Puerto Rico. A medida que avanzaba hacia el oeste, como la mayoría de los huracanes del golfo, la tormenta comenzó a girar hacia el norte. Pasó a medio camino entre el oeste de Cuba y Yucatán, y en poco tiempo las aguas más cálidas del golfo la fortalecieron hasta convertirla en una categoría 4. Los meteorólogos predijeron que había 50 por ciento de posibilidades de que impactara directamente en Nueva Orleans. La tormenta tocó tierra al este de la bahía de Atchafalaya y continuó su rumbo al noreste; el ojo pasó a unas 15 millas [24 kilómetros] al oeste del centro de la ciudad. Impulsadas por vientos de 155 millas por hora [250 kilómetros por hora], las aguas de la tormenta se precipitaron tierra adentro hasta el borde de Nueva Orleans y, en algunos casos, se adentraron en la ciudad. Muchos de los diques supuestamente reforzados fallaron y muchos distritos se inundaron. El lago Pontchartrain se desbordó en su borde occidental y se derramó hacia el sur, al centro de la ciudad, dejando a Nueva Orleans bajo varios pies de agua.

La inundación de Nueva Orleans tuvo un efecto psicológico importante en todo el mundo. Su destino mostró que cualquier ciudad portuaria severamente dañada por las inundaciones tendría que ser abandonada, ya que otra tormenta, igual de grande o todavía más, estaba destinada a golpearla. A medida que subieron los mares, el dinero *y la confianza* —por favor, enfatice esas palabras— para reconstruir las ciudades costeras se secaron. Para muchos, si Nueva Orleans no podía sobrevivir, tampoco lo haría la vida en las costas de ninguna otra parte. Como siempre, la importancia de Nueva Orleans superó su tamaño. Nunca habrá otra igual.

Tres Gargantas

Wang Wei es un ingeniero retirado que en 2032 trabajaba en la inmensa presa Tres Gargantas de China, en la provincia de Hubei, cuando los insurgentes destruyeron la presa y causaron la mayor inundación de la historia humana. Entrevisté a Wang en la casa de su hija, en Chongqing.

Ingeniero Wang, cuéntenos sobre la historia de la presa Tres Gargantas y el ataque de los uigures.

Comencé mi carrera en la presa justo después de obtener mi maestría en la Universidad del Sur de California, en 2025. La presa Tres Gargantas se terminó en 2006 y en ese momento era el proyecto más grande jamás construido en China. La presa tenía 7,660 pies [2,335 metros] de largo —alrededor de 1.5 millas—, y cuando estaba llena, el depósito contenía 10,000 billones de galones [39,300 hectómetros cúbicos]. Tres Gargantas era candidata para el proyecto más grande jamás construido por el hombre y la fuente de un inmenso orgullo nacional en China. Trabajar allí era el sueño de cualquier ingeniero chino.

En el momento de la construcción, los funcionarios chinos dijeron que la presa había costado veinticinco mil millones de dólares estadunidenses y requería que el gobierno reubicara a dos millones de personas, pero nosotros, los conocedores, sabíamos que esas declaraciones no eran ciertas. El costo real debe haber estado cerca de los cien mil millones de dólares y la cantidad de personas reubicadas en alrededor de veinte millones. Debido a los cobardes uigures, todo fue en vano.

Algo tan grande estaba destinado a afectar el medio ambiente. Por lo tanto, no nos sorprendió a los ingenieros que comenzaran a ocurrir miles de deslizamientos de tierra en las empinadas laderas sobre la presa. Pensamos que la presión de la gran cantidad de agua había desestabilizado el suelo y provocado los deslaves. Temíamos que un terremoto provocara deslizamientos de tierra más grandes que caerían en el embalse y desplazarían el agua, con lo que se rebasaría la presa y, posiblemente, se destruiría. En nuestras clases habíamos estudiado algo como esto con su presa Glen Canyon, cuando sus desagües fallaron y la presa pudo haberse derrumbado, arrasando con todo lo que había río abajo de haber sucedido. Algunos de nosotros, estudiantes chinos, incluso visitamos el Gran Cañón y vimos la presa, uno de los aspectos más destacados de mi tiempo en Estados Unidos.

Xinjiang, hogar de los uigures, es uno de los lugares más aislados de la Tierra. Urumqi, su ciudad capital, se encuentra más lejos del océano que cualquier otra gran ciudad del mundo. La provincia también es uno de los lugares más secos. Sin el río Tarim, la mayor parte de Xinjiang estaría demasiado seca para habitarla. Y sin la nieve de las montañas y los glaciares, el Tarim no existiría, porque un río en un desierto no puede obtener suficiente agua de la lluvia para mantenerse. Los glaciares que se derriten en las montañas Kunlun y Tian Shan rodean la cuenca del Tarim, y proporcionan la mayor parte del agua que transporta el río. Incluso en la primera década de este siglo, el Tarim ya se estaba reduciendo y de sus nueve afluentes, para 2010 sólo tres seguían fluyendo y dos se secaron por completo durante parte del año. Los uigures que habitaban en el desierto comenzaron a aprovechar los acuíferos subterráneos, una estrategia que sólo puede funcionar de manera temporal. La gente siempre saca mucha más agua de la que la lluvia puede reemplazar, lo que hace que el nivel freático caiga y se requieran bombas cada vez más grandes y costosas para llevar el agua hasta la superficie. Así, desde el punto de vista de los uigur, el calentamiento global estaba provocando que los ríos se secasen, mientras que el agua subterránea que necesitaban para reemplazarla estaba cada vez más profunda y fuera de su alcance.

Luego, para empeorar las cosas, me da vergüenza decir que nuestras autoridades comenzaron a recortar la cantidad de agua subterránea que se permitía usar a los uigures. Si alguien era un granjero uigur o dueño de un negocio, tenía menos agua que su vecino chino. Esta injusticia hizo que los insurgentes uigur intensificaran sus atrocidades.

Para la década de 2030, las autoridades chinas tenían más de qué preocuparse que el terrorismo uigur. Habíamos ignorado la presión internacional para reducir las emisiones de gases de efecto invernadero y mientras sólo hablábamos por hablar, como ustedes dicen, habíamos abierto una nueva planta de combustión de carbón cada semana. Eso empeoró nuestra ya terrible contaminación del aire. En Beijing, en los primeros años del siglo, a veces no se podía ver la parte superior de los edificios altos; luego, ni siquiera hasta el final de la cuadra y, finalmente, ni los zapatos. La tasa de mortalidad por enfermedades respiratorias se disparó y la gente tenía miedo de salir de sus hogares. Además del humo del carbón, del desierto al oeste de Pekín soplaban finas partículas de polvo, lo que empeoraba la calidad del aire. Algunas de esas partículas volaron a través del Pacífico y aterrizaron en sus Montañas Rocallosas, donde absorbieron calor e hicieron que la nieve se derritiera más rápido. Y aun así, los chinos tenían la tasa más alta de tabaquismo de todos los países. Nuestra tasa de mortalidad general comenzó a dispararse, como si tuviéramos un plan de cinco años para envenenarnos.

Pero me estoy alejando de mi historia. En la vejez, la mente divaga. Lo que estoy tratando de decir es que a medida que pasaba el tiempo, el gobierno chino no podía permitirse gastar demasiado tiempo y recursos en los uigures. Xinjiang estaba muy lejos de Beijing, se estaba quedando sin agua y era una tierra inhóspita, para empezar. El calentamiento global había resultado ser una amenaza mucho mayor que la de los uigures, o eso creímos.

Recuerde que el calentamiento global hizo que los glaciares del Himalaya se derritieran rápidamente en los primeros años del siglo, por lo que el Yangtsé y otros ríos chinos corrieron más alto. Al final de la temporada de lluvias en 2032, el embalse de las Tres Gargantas estaba lleno hasta el borde por el agua helada. Nuestras fuerzas de seguridad aumentaron su vigilancia, temiendo que los uigures o algún otro grupo —digamos, los taiwaneses— pudieran intentar volar la presa. Pero los uigures eran demasiado inteligentes para un ataque tan directo.

No vimos ninguna razón para proteger las empinadas colinas que bordeaban el embalse sobre la presa. Nadie estaba interesado en ellas, a excepción de los ingenieros y los geólogos que intentaban predecir cuándo y dónde ocurriría el próximo deslizamiento de tierra... o eso creíamos. Nadie notó a los recién llegados que aparecieron en las colinas sobre las Tres Gargantas.

¿Qué estaban haciendo los uigures? Una noche de septiembre de 2032 nos enteramos. Los rebeldes habían colocado decenas de cargas de dinamita ocultas en puntos estratégicos de las pendientes más inestables sobre la presa. Dispararon toda la dinamita a la vez y la explosión nos despertó a los ingenieros en nuestros dormitorios en Sandouping, a pocas millas de la presa. Nuestro primer pensamiento fue que, de hecho, alguien había intentado volar la presa, pero una llamada telefónica acabó con ese miedo.

Las explosiones de dinamita provocaron cientos de deslizamientos de tierra y desplazaron indirectamente muchos más donde las laderas ya eran inestables. Millones de toneladas de roca y tierra cayeron en el embalse rebosante. Una ola de más de 330 pies [100 metros] de altura subió y bajó a lo largo del embalse, como agua chapoteando en una bañera de gigantes.

Recuerde que Tres Gargantas era la presa hidroeléctrica más grande del mundo y estaba ubicada en el tercer río más largo del mundo. Su construcción requirió muchas tecnologías experimentales, incluidos los desagües sumergidos más grandes del mundo. Nuestros ingenieros no pudieron probar todas esas tecnologías por adelantado; a menudo, teníamos que esperar a contar con experiencia para realizar la prueba. Nadie sabía qué tan bien soportarían los desagües si alguna vez tuvieran que superar sus volúmenes máximos. Incluso antes de que la ola de agua del ataque llegara a la presa, la marea alta de ese verano había provocado que los operadores abrieran las compuertas del desagüe al máximo. Pero luego los desagües comenzaron a vibrar tanto que los operadores temieron que pudieran romperse y colapsar. Entonces, tuvieron que cerrarlos parcialmente y dejar salir menos agua. Ése era el momento exacto que habían estado esperando los uigures: un depósito lleno con sus desagües parcialmente cerrados.

Cuando las olas de las explosiones llegaron a la presa, no había espacio en los desagües para el agua extra, que se acumuló y comenzó a coronar la presa. Dado que se suponía que los desagües evitarían que el embalse se desbordara, no hubo otras obras de ingeniería para proteger la parte superior de la presa. El agua que sobrepasó a la presa destruyó de inmediato la planta de energía y comenzó a forzar lo que evidentemente había sido un punto débil en el frente de concreto de la presa. El mundo entero presenció el evento a través de la televisión. Fue un momento terrible para los chinos, sin duda el peor momento en un país con una larga historia de desastres naturales.

Los ingenieros siempre nos habíamos preocupado por la calidad del concreto de la presa, ya que sabíamos que los contratistas chinos solían utilizar materiales que estaban por debajo de las especificaciones. El punto débil se convirtió en una grieta, que se fue haciendo más ancha y más profunda, lo que permitió que fluyera más agua y se produjera una mayor erosión; todo esto fue sucediendo en minutos. Pronto, la grieta llegó al fondo del frente de la presa y un trozo de la presa de las Tres Gargantas, tan alto como un edificio de veinticinco pisos, se desprendió y cayó al Yangtsé. Ya no había nada que pudiera contener los diez billones de galones de agua en el depósito, así que ésta comenzó a fluir a través de la hendidura y a precipitarse río abajo.

Una pared gigante de agua bajó el Yangtsé, arrasando con todo lo que encontró delante. A medida que la ola arrasó con cada presa sucesiva, corriente abajo, se fue elevando cada vez más. Se extendió a medida que fluía a través de las llanuras, pero se elevó de nuevo conforme pasaba por estrechos desfiladeros río abajo. La ola destruyó Wuhan, Nanjing y gran parte de las regiones del interior de Shanghái. La cifra estimada de muertos fue de cien millones; el daño a la infraestructura y la moral de China fue incalculable.

Además de la terrible pérdida de vidas y propiedades, la destrucción de la presa Tres Gargantas tuvo otra consecuencia desafortunada: sin la energía hidroeléctrica que estaba produciendo, China tuvo que depender todavía más del carbón, lo que causó más contaminación y problemas de salud. Asimismo, provocó un pogromo contra los uigures. El gobierno los reunió por decenas de miles —hombres, mujeres y niños— y los envió a campos de exterminio donde murieron de hambre o fueron ejecutados. Para 2040, no quedaba ni un uigur vivo en China.

TERCERA PARTE

AUMENTO DEL NIVEL DEL MAR

Perla del Mediterráneo

El doctor Anwar Shindy es un alejandrino y exministro egipcio de antigüedades. Hablé con él en su casa en Asuán.

Doctor Shindy, ¿cuánto tiempo llevaba su familia en Alejandría?

Nuestra familia había vivido allí continuamente desde el siglo XII de esta era. Éramos comerciantes, aunque en el siglo pasado algunos de nosotros recibimos educación universitaria y nos dedicamos a distintas profesiones. Alejandro Magno fundó la ciudad en el 331 a. C. y le puso su nombre. En la antigüedad, Alejandría fue el vínculo entre las civilizaciones de Grecia y Egipto. Cleopatra nació allí. En su apogeo, la ciudad ocupaba el segundo lugar, después de Roma, en poder y maravillas arquitectónicas. Quizá la más grande y conocida fue una de las siete maravillas del mundo antiguo: el Faro de Alejandría, en la isla de Pharos, con una estatua de Helios en la parte superior. Durante siglos, fue la estructura más alta del mundo después de nuestras pirámides de fama mundial. Pero un edificio alto invita a los enemigos naturales, y en el siglo XIV dos grandes terremotos derribaron el faro. Alejandría también contaba con la biblioteca más grande del mundo antiguo, pero el fuego la destruyó.

Griegos, romanos, persas, franceses, británicos y árabes han atacado Alejandría, pero siempre sobrevivimos a ellos. Conocimos desastres naturales y conquistadores humanos; ahora el mar amenaza con convertirse en el único conquistador al que no podemos sobrevivir.

En 2000, Alejandría era la segunda ciudad más grande de Egipto y albergaba a casi la mitad de la producción industrial del país. Casi cuatro millones de personas vivían allí y otro millón llegaba en verano para disfrutar de sus playas y cálidas aguas mediterráneas. Pero como han aprendido tantas ciudades costeras, Alejandría estaba a salvo sólo mientras el mar permaneciera quieto, donde desde siempre había estado, incluso en tiempos antiguos.

Al igual que otras ciudades delta, como Nueva Orleans, Alejandría se encontraba parcialmente por debajo del nivel del mar, protegida por diques y rompeolas. La presa de Asuán atrapaba 90 por ciento del limo que bajaba por la parte superior del Nilo, matando de hambre al delta y provocando su hundimiento; otra vez, de la misma manera en que ocurría con Nueva Orleans. A medida que la tierra se hundió y el mar se elevó, el agua salada y las mareas provocadas por las tormentas alcanzaron más terreno hacia el interior, una historia ahora familiar en todo el mundo.

A principios de este siglo, los expertos juzgaron a Egipto como uno de los países más vulnerables al calentamiento global. Para comprender la exposición de Alejandría, sólo se necesitaba un mapa topográfico que mostrara el contorno de 3 pies [1 metro]. Nuestros científicos nos dijeron que el mar Mediterráneo se elevaría demasiado en algún momento cerca del final del siglo, y ese punto se alcanzó hace dos años. El agua salada cubre ahora el tercer lado que daba al mar. Casi dos millones de personas han sido evacuadas, la mayoría a El Cairo, que ya estaba tan superpoblado que era casi inhabitable. Yo preferí Asuán, más cerca de la fuente de nuestras antigüedades.

De su lectura de la historia, ¿cómo reaccionó la gente de Alejandría cuando se le dijo que el nivel del mar subiría 3 pies [1 metro] para el año 2100?

Primero, negaron el calentamiento global. Como en su país, muchos laicos y algunos demagogos dijeron que se trataba de una farsa, un engaño. En cualquier caso, ¿qué podríamos haber hecho los egipcios para evitarlo? Producimos apenas más de la mitad de 1 por ciento de todas las emisiones de CO_2, por lo que ni siquiera cerrar nuestro país por completo habría significado diferencia alguna a escala mundial. Alguien calculó en ese entonces que China emitía en diez días lo que Egipto en un año.

Cuando el dióxido de carbono, la temperatura y el nivel del mar aumentaron lo suficiente para mostrar que el calentamiento global era real y que el Mediterráneo subiría e invadiría Alejandría, los egipcios se enojaron, sobre todo con los verdaderos contaminadores: Estados Unidos, China, India y los otros. Aunque no tenía sentido, algunos de nuestros clérigos más extremistas predicaron que el calentamiento global era un holocausto perpetrado de manera deliberada en países musulmanes y árabes por el Gran Satán: Estados Unidos. El calentamiento global demostró ser una herramienta de reclutamiento todavía mayor para las organizaciones terroristas islámicas que las guerras estadunidenses en Irak, Afganistán, Siria e Irán. Por supuesto, a medida que avanzaba el siglo, los viajes internacionales se volvieron tan difíciles que los terroristas ya no podían moverse entre países como antes. Así que muchos volcaron su ira y fanatismo hacia el interior, hacia sus propios líderes. Debo decir que muchas de esas dictaduras crueles, como la de los saudíes, merecían lo que obtuvieron, independientemente de la fuente.

Cuando los egipcios nos dimos cuenta de que se estaba produciendo un calentamiento global, que éste haría lo que los conquistadores de antaño no habían podido hacer, que nos encontrábamos impotentes para evitarlo y que no importaba de quién fuera la culpa, se produjo una depresión nacional: una pandemia de derrotismo por todo el país de la que ninguna persona pensante podía escapar. Todos los indicadores de salud de una sociedad empeoraron: suicidios, divorcios, adicciones, asesinatos y otros delitos más. Las tasas de quiebras aumentaron y la esperanza de vida disminuyó. Una terrible desesperanza terminal se apoderó de Egipto. Lo que en realidad destruyó nuestro espíritu fue la creciente comprensión de que, por muy malas que fueran las cosas, todavía estarían peor. El nivel del mar no dejaría de subir en 2100; ningún científico o supercomputadora podría decir cuándo lo haría. Sabíamos que Nueva Orleans estaba mayormente bajo el agua. ¿Qué podría evitar que le sucediera lo mismo a Alejandría?

Por supuesto, todo el mundo en todas partes ha tenido que pasar por este mismo ciclo de emociones. Uno de sus psicólogos escribió hace mucho tiempo que hay cinco etapas de duelo; me parece que eran negación, rabia, negociación, depresión y aceptación. Ahora podemos fusionar las dos últimas, porque aceptar lo que viene es hacer de la depresión la condición humana normal.

La propia Alejandría y Egipto han sobrevivido mucho más tiempo que la mayoría de las ciudades y naciones. Pero finalmente nos hemos encontrado con un enemigo que sabemos que nos derrotará. Moléculas invisibles en el aire están conquistando lo que ni siquiera los Césares pudieron.

Casa en la arena I

Me encuentro hoy con el doctor Ted Black, profesor de geografía costera en la Universidad de Carolina del Sur, antes de su cierre en 2060, debido a la falta de ingresos fiscales. Dividí esta larga entrevista en dos capítulos.

Doctor Black, sé que su familia tiene raíces profundas en Carolina del Sur y en playa Myrtle. Llévеme de vuelta a lo que atrajo a su familia y a tantos otros a la costa atlántica.

Sí, nuestras raíces se remontan a mucho tiempo atrás. Permítame comenzar diciendo que me alegra hablar con usted sobre nuestra experiencia, aunque sea dolorosa. Myrtle Beach es un estudio de caso —o como solía decir la gente, un ejemplo modelo— del abandono de la costa que ha marcado la segunda mitad de este siglo y está literalmente cambiando el mapa del mundo.

Desde la antigüedad, la gente siempre había querido vivir cerca del mar. En la antigüedad fue por razones prácticas: la disponibilidad de peces, a menudo un clima moderado y, una vez que los vikingos nos mostraron cómo navegar lejos y regresar a casa, un lugar para botar barcos a la alta mar. A principios de este siglo, alrededor de la mitad de la población mundial vivía a unas 60 millas [100 kilómetros] de la costa, en esos mismos lugares a los que el aumento del nivel del mar pondría en peligro.

Durante el último siglo, las personas que habían elegido vivir en las costas no tenían forma de saber que el pasado nunca volvería a ser una buena guía para el futuro. Pensaron razonablemente que el nivel del mar subiría y bajaría, como siempre lo había hecho, que a la larga volvería a su promedio. Dicho esto, hay que preguntarse si incluso aunque la gente hubiera sabido que el mar tan sólo se mantendría subiendo, eso habría marcado alguna diferencia. Después de todo, la gente siempre ha construido en llanuras aluviales, logrando convencerse a sí misma de que no ocurriría otra inundación en su vida, o que si llegaba a ocurrir, la sobrevivirían.

Hace cinco generaciones, en 1958, mi familia compró una casa en la playa en la sección Garden City, de Myrtle Beach. La tradición familiar dice que la casa costó treinta y cinco mil dólares, mucho dinero en esos días. La Black House,* como la llamamos en broma, fue propiedad de nuestra familia incluso después de que mi hermana y yo nos mudamos, yo a la universidad y ella a un trabajo en el Servicio de Parques Nacionales. Mi padre vivió ahí mucho tiempo después de que nuestros vecinos ya se habían rendido y mucho después del momento en que debía haberla vendido.

Puedo resumir la historia de Myrtle Beach diciendo que para 2025, el valor de la casa había aumentado a alrededor de cuatrocientos mil dólares. Luego comenzó a declinar, pero mi padre se negó a vender. Después de su muerte, mi hermana y yo no pudimos encontrar comprador a ningún precio y simplemente tuvimos que alejarnos de la casa de nuestra familia. Mirar hacia atrás, a la casa, mientras me alejaba por última vez, es uno de esos recuerdos tan tristes como la muerte de un padre. Todas esas casas de nuestro antiguo barrio ya no están, por supuesto.

Quizá, dada la historia de su familia, no fue accidental que su especialidad académica se convirtiera en geografía costera. Hábleme

* La Casa Negra es un juego de palabras porque la familia se apellida Black: negro. *(N. del T.)*

de cómo subió el nivel del mar a lo largo de los siglos XX *y* XXI*, y el efecto que esto tuvo en la vida en la costa.*

De acuerdo. Veamos si puedo abordar el tema como un erudito, en lugar de una víctima que todavía siente el dolor después de todos estos años.

A medida que la evidencia del calentamiento global provocado por el hombre crecía cada año, los negacionistas del clima intentaron desacreditar esa evidencia de todas las maneras posibles. Afirmaron que el aumento de las temperaturas era causado por el sol o que los científicos habían falsificado los datos, sólo como ejemplos. Dijeron que el clima siempre estaba cambiando, que los científicos no estaban de acuerdo y muchas otras tonterías. Pero cuando su playa favorita tiene la mitad del tamaño que solía tener y las mareas altas se van deslizando hacia el interior año con año, la negación ya no es una posibilidad. Algunos de nuestros políticos de Carolina del Sur también tenían propiedades en la playa y esos bastardos se merecían lo que les pasó.

Sabemos que, en el panorama general, cuando los glaciares de la última edad de hielo comenzaron a derretirse, hace unos veinte mil años, el nivel del mar finalmente subió más de 400 pies [120 metros]. Eso debería habernos dado una pista de cuán peligroso podría ser el derretimiento de los casquetes polares y los glaciares, pero, por supuesto, nuestros supuestos líderes no sólo no se dieron por aludidos, sino que no habrían prestado atención aunque los hubieran golpeado en la cabeza con un tablón de madera.

Hace alrededor de seis mil años, el deshielo casi había terminado y el nivel del mar postglacial se había estabilizado. Eso duró hasta alrededor del siglo XIX y la Revolución Industrial, cuando el dióxido de carbono comenzó a arrojarse al aire y esto comenzó a elevar las temperaturas globales. El nivel del mar comenzó a subir de nuevo y no ha dejado de subir desde entonces. Y no se detendrá, hasta donde podemos ver.

Hasta la década de 1990, los científicos medían el nivel del mar utilizando mareógrafos, pero luego vinieron los satélites, que dieron mayor cobertura y precisión. Los datos satelitales mostraron que el nivel del mar subía de manera errática pero implacable. Para 2020, aumentaba alrededor de una décima de pie [30 milímetros] por año, pero gracias a la precisión de las mediciones satelitales, los científicos podían decir que el aumento se estaba acelerando: había un crecimiento anual mayor que el año previo. Cuando los científicos tomaron en cuenta la aceleración, proyectaron que para 2100 el nivel del mar habría subido alrededor de 2 pies [0.6 metros] por encima de donde estaba en 2005.

Esto me recuerda algo relacionado que necesito especificar. A principios de siglo, las proyecciones de los efectos futuros del calentamiento global solían utilizar el año 2100 como su blanco. Tenía sentido: debía establecerse una fecha límite y 2100 era la obvia. Pero su uso creó una falsa impresión en la mente del público. Cuando los científicos dijeron que el nivel del mar iba a subir en cierta medida para 2100, la mayoría de la gente dejó de pensar más allá, en el futuro, dejó de estar consciente de que entonces simplemente seguiría subiendo. La mayoría de nosotros estábamos condicionados a creer que los tiempos difíciles terminarían y los normales se reanudarían, como sucedió después de las guerras mundiales y la Gran Depresión. La elección de una fecha objetivo fue un dilema, porque si los científicos hubieran elegido 2200, digamos, habría parecido tan lejano que no habríamos tenido que preocuparnos por ello. Pienso en esto como una de las muchas trampas diabólicas del calentamiento global.

Ciertamente, para la década de 2020, cualquier persona en la costa de Carolina del Sur sabía que estaba viviendo con riesgo. En octubre de 1954, justo antes de que mis antepasados compraran la casa de nuestra familia, el huracán Hazel tuvo un gran impacto en Myrtle Beach, con velocidades de viento de más de 100 millas por hora [160 kilómetros por hora]. Hazel golpeó en el momento de la marea astronómica más alta, y esto produjo una marejada ciclónica de 18 pies [5.5 metros], que arrasó muchas partes de la ciudad.

Luego, durante los siguientes treinta y cinco años, Myrtle Beach tuvo algunas tormentas de categoría 1, algunas que habían comenzado con más fuerza pero habían perdido velocidad del viento mientras viajaban por tierra hasta llegar aquí. Y entonces, en septiembre de 1989, llegó Hugo, categoría 4 y la peor tormenta del siglo en Carolina del Sur. Hugo había viajado por mar y había ganado velocidad a medida que se acercaba a la costa hasta que llegó a la Isla de Palmas, al noreste de Charleston, a sólo 95 millas [150 kilómetros] de Myrtle Beach.

Hugo destruyó muchas casas y dañó otras, pero pocas personas se mudaron como resultado de esto. Los huracanes eran sólo una realidad y, gracias al Programa Nacional de Seguro contra Inundaciones, la gente tenía el dinero para reconstruir. Recuerdo que papá me dijo que uno de nuestros vecinos, un veterano, había reconstruido cuatro veces su casa gracias a ese dinero federal. Ese programa estaba subvencionando a las personas para que vivieran donde quisieran, en lugar de donde deberían haberlo hecho. Quebró en la década de 2020 y el Congreso lo canceló. Debería haberlo hecho un par de décadas antes.

Llévenos desde mediados de los años veinte hasta el presente.

Bueno, por supuesto, ésa es la parte difícil. Me avergüenza decir que a pesar de que poseía el conocimiento científico que nuestros vecinos no tenían, mi familia no actuó lo suficientemente rápido de cualquier manera. Mi padre nunca se iba a mudar, habrías tenido que sacarlo cargado y, lamentablemente, eso es justo lo que tuvimos que hacer. Siempre he estado agradecido de que no haya estado vivo para ver lo que le sucedía a nuestro hogar. Eso lo habría matado si el cáncer no lo hubiera hecho antes.

Lo primero que hay que decir es que la gente tenía muchas advertencias sobre el aumento del nivel del mar que estaba por suceder en la costa de Carolina. En 2018, la antigua Unión de Científicos Preocupados publicó un estudio llamado *Bajo el agua: aumento de los mares, inundaciones crónicas y las implicaciones para los bienes raíces costeros de Estados Unidos*. Lo busqué para leerlo antes de nuestra entrevista y también encontré un artículo sobre el estudio de *Sun News*, que todos en la ciudad leyeron. No tiene sentido que la gente de mi edad les diga a sus nietos que no lo sabíamos. Lo sabíamos y ellos saben que lo sabíamos.

El periódico citó el informe diciendo que "para 2045, las inundaciones crónicas podrían afectar más de tres mil hogares a lo largo de la costa de Carolina del Sur y áreas bajas". Esto costaría alrededor de mil cuatrocientos millones en valor de propiedad perdida y más de once millones de dólares en impuestos a la propiedad. Pero para 2100, se proyectaba que estas cifras aumentarían a más de diecinueve mil hogares con un valor aproximado de seis mil novecientos millones de dólares. Por supuesto, ahora sabemos que esas proyecciones, y casi todas las que tuvieron que ver con el calentamiento global, se quedaron demasiado abajo.

La pregunta entonces fue qué efecto tendrían tales proyecciones y la creciente conciencia del aumento del nivel del mar en los precios y las ventas de las propiedades inmobiliarias. Los estudios en ese momento llegaron a conclusiones diferentes, algunos dijeron que el riesgo de inundaciones ya había comenzado a reducir el valor de las viviendas, pero otros no encontraron ningún efecto. Entre lo que he leído, una de las explicaciones más sucintas de lo que estaba sucediendo fue que "los pesimistas comenzaron a venderles a los optimistas", una señal de alerta temprana de la inminente retirada mundial de la costa.

Sin embargo, si me permite salir de mi área de especialización por un momento, y si observa el panorama general de las primeras tres décadas, verá que la gente simplemente fue incapaz de recibir mala información y hacer algo al respecto, aun cuando los científicos le estaban diciendo que el futuro de sus nietos estaba en juego. Afirmamos ser la única especie que sabe que hay un futuro y puede actuar basándose en ese conocimiento, pero por lo general no lo hacemos. Los negacionistas del clima siguieron negando y la gente siguió votando por ellos, incluso cuando sus calles habían comenzado a inundarse.

Doctor Black, tomemos un descanso ahora y reanudemos esta entrevista mañana por la mañana.

Casa en la arena II

Retomemos de nuevo su testimonio con la casa de su familia y el destino de las costas marinas en general.

La compra de una casa suele ser la más grande que lleva a cabo una familia y la que proporciona su activo más valioso. La compra de una vivienda requiere optimismo no sólo del comprador, sino también del prestamista y de la aseguradora. Me recuerda lo que dijo una vez el economista John Maynard Keynes sobre el mercado de valores. Lo comparó con un concurso de periódicos que mostraba fotografías de cien mujeres y pedía a los lectores que eligieran a las seis más bonitas. (Le recuerdo que esto fue en la década de 1930.) El ganador sería el participante cuyas seis selecciones se acercaran más a la preferencia promedio de todos los lectores. Keynes señaló que la mejor estrategia no era elegir las seis caras que alguien pensaba que eran las más bonitas, sino seleccionar las que pensaba que elegirían otros lectores. De la misma manera, tratar de evaluar lo que sucederá con un mercado inmobiliario determinado no depende tanto de la opinión de una persona, sino de lo que se cree que será la opinión de los demás. Si suficientes personas creen que el nivel del mar va a subir, o incluso si sólo quieren cubrir sus apuestas en caso de que lo haga, estarán menos inclinados a comprar una propiedad junto al mar y, si lo hacen, harán ofertas por debajo del precio de venta.

En algún momento, se descubrió que los economistas decían: "Ahora todos somos keynesianos", lo que significa que casi todo el mundo aceptaba sus teorías económicas. Para la década de 2040 todos éramos pesimistas sobre las propiedades costeras, lo que significaba que había muchos vendedores, pero pocos compradores.

Hubo algunas señales tempranas de cambio en el mercado inmobiliario de Myrtle Beach. Para la década de 2020, el mapeo basado en GPS se había vuelto tan preciso que los compradores, las compañías de seguros y los prestamistas tenían una idea mucho más clara de qué propiedades individuales tenían más probabilidades de inundarse. Cualquiera podía buscar en internet y ubicar exactamente dónde se encontraba su casa en relación con la llamada elevación de la inundación-de-cada-cien-años. Y el riesgo de inundación debía ser revelado a los posibles compradores. Un estudio nacional en ese momento encontró que cuanto mayor era la elevación de la propiedad frente al mar, mayor era su precio de venta.

La otra señal temprana de un mercado inmobiliario cambiante fue que las ventas de segundas residencias y las de propiedad de inversionistas comenzaron a aumentar; llame a los vendedores pesimistas o llámelos realistas. Éste era el llamado dinero inteligente o, si no inteligente, al menos no apegado emocionalmente a una determinada propiedad frente a la playa. Esto comenzó a suceder en Myrtle Beach, y todos se dieron cuenta de ello por los artículos del periódico. Las actitudes comenzaron a cambiar de optimistas a neutrales, y luego, a pesimistas. Mi papá no era el mejor educado y, ciertamente, tampoco el más rico. Tenía una lealtad familiar profundamente arraigada a la Black House y, aunque le señalé estos hechos, nunca habría considerado venderla.

En los años veinte, la intensidad de los huracanes ya estaba aumentando, aunque no parecía haber más. En Myrtle Beach, lo que había sido una tormenta de categoría 1, la cola de una que había comenzado con más fuerza pero que se había debilitado durante su viaje por tierra, ahora tal vez llegaría como categoría 1.5 o, cada vez más, como categoría 2. Como resultado, las marejadas ciclónicas se adentraban más, lo que agregaba una especie de segundo golpe al efecto directo de las calles inundadas y la reducción de las playas.

Luego, en 2030, el periódico local de Myrtle Beach publicó una gráfica que mostraba: (a) el número de viviendas en el mercado, (b) el número de ventas y (c) el precio de venta promedio, que se remontaba hasta 1990. La categoría (a) había ido aumentando exponencialmente, mientras que (b) y (c) estaban disminuyendo al mismo ritmo. Nadie podía ignorar el mensaje: venda ahora o arriésguese a no poder vender nunca.

El día después de la publicación del artículo, la gente se alineó frente a las oficinas de bienes raíces, en una escena que se asemejaba a esas viejas fotos granuladas en blanco y negro de la Gran Depresión, donde se mostraba a personas haciendo fila fuera de los bancos, con la esperanza de sacar su dinero antes de que el banco quebrara. Roosevelt declaró sabiamente un día festivo, pero el mar no se toma ningún día festivo.

Ese artículo fue el principio del fin de Myrtle Beach. Sin embargo, es sorprendente que cuando apareció aún no se hubieran dañado muchas casas. En cambio, las aseguradoras y los prestamistas habían perdido la confianza, lo cual es igualmente eficaz. El programa federal de seguro contra inundaciones había desaparecido años atrás y las aseguradoras privadas ya no cubrirían la propiedad dentro de la línea de inundación proyectada de veinticinco años. Sin seguro, ningún prestamista financiaría una hipoteca. Las nuevas construcciones se habían detenido varios años antes y las ventas de viviendas existentes estaban cayendo, como mostraba la gráfica del periódico. Apenas quedaba una casa que valiera más que su hipoteca, lo que le dio al término *submarino* un nuevo significado. Por lo tanto, uno no necesitaba esperar a que el daño real del incremento de los mares le dijera que debía salir de ahí.

Me he centrado en los hogares, pero nada escapó del aumento del nivel del mar. Se inundaron carreteras, puentes, plantas de energía, aeropuertos, puertos, edificios públicos, edificios de oficinas, todo, lo que fuera. Para agravar el problema, a medida que caían los valores de las propiedades privadas y comerciales, también lo hacía la recaudación de impuestos que las ciudades necesitaban para operar y reparar los daños causados por las inundaciones, un tipo extraño de retroefecto. El resultado fue que en Myrtle Beach, y arriba y abajo de la costa atlántica, se arraigó una depresión peor que cualquiera que se haya vivido en la década de 1930. Digo eso porque a pesar de la situación miserable que vivió la gente durante la Gran Depresión, había al menos un rayo de esperanza. Franklin D. Roosevelt había reemplazado a Hoover y el New Deal estaba funcionando, aunque no todos se estuvieran beneficiando. La gente creía que debía soportar, esperar a que pasaran los malos tiempos porque, como decía un cantante de folk de la década de 1930: "Hay un mundo mejor que se avecina". Luego vino la Segunda Guerra Mundial y el fin de la Gran Depresión.

En ese entonces, nadie en la costa de Carolina del Sur, ni en ningún otro lugar, cantaba sobre un mundo mejor que se avecinara. No se aproximaba nada mejor y todo el mundo lo sabía. Por primera vez en la historia moderna, la esperanza de todos los padres de que sus hijos tuvieran una vida mejor que la de ellos se había desvanecido. Es posible que hable con otras personas sobre el efecto que tuvo este doloroso conocimiento en la psicología humana. Es uno de los principales hechos de la vida a finales del siglo XXI.

Alrededor de 2050, sabíamos que, por deferencia a mi padre, habíamos esperado demasiado para vender la Black House. El mercado inmobiliario se había derrumbado y Myrtle Beach estaba en proceso de ser abandonada por aquellos que podían irse, que no se encontraban atrapados allí por la terquedad, por la pobreza o porque eran ancianos y estaban enfermos, y no tenían a nadie que los ayudara a mudarse.

Cuando él murió, en 2058, cien años después de que el primer Black comprara la casa de nuestra familia, mi hermana y yo simplemente nos fuimos y nunca volvimos. El insulto final, por así decirlo, fue que debido a que el cementerio conmemorativo de Ocean Woods había sido condenado debido a la marea alta, no pudimos enterrar a nuestro padre en la parcela de nuestra familia, así que tuvimos que llevarlo a un terreno más alto hacia el interior, lejos de nuestro antiguo vecindario.

De hecho, usted ha pintado una imagen dolorosa del destino de Myrtle Beach y otras comunidades en la costa atlántica. A partir de sus estudios, sabe más que la mayoría sobre lo que sucedió en localidades similares en todo el mundo. ¿Cuál ha sido su destino?

Una de las cosas que yo y otros geógrafos notamos fue que la huida de las costas marinas sucedió gradualmente. El primero en vender no compró una cabaña de montaña en la cima de Great Smokies. No, compraron otra casa en la playa en un terreno más alto, unas cuantas millas tierra adentro, o donde había un acantilado lo suficientemente alto entre la casa y la línea de la marea alta. Pero a medida que el mar seguía subiendo, estas segundas propiedades estuvieron también en riesgo y, finalmente, los propietarios tuvieron que venderlas y mudarse nuevamente. Nadie quería hacer eso dos veces, lo que se sumó al retiro general.

Mientras esto sucedía a escala global, comenzó una de las mayores migraciones en la historia de la humanidad, con cientos de millones desplazándose hacia el interior. Esto todavía está sucediendo y continuará Dios sabe por cuánto tiempo... ¿Cuánto tiempo seguirá subiendo el mar? Nadie sabe cómo se desarrollará, porque la humanidad nunca antes había visto una migración masiva a escala global.

Los geógrafos fuimos de los primeros en llamar la atención sobre el desastre inminente de la migración climática. A principios de siglo, había aparecido una nueva especialidad académica denominada "estudios sobre el aumento del nivel del mar". Tengo un archivo bastante completo y lo conozco bien. Los científicos sentimos que debíamos empezar a prestar atención a esto porque, hasta ese momento, todo el enfoque estaba en el aumento del nivel del mar como un problema costero que afectaría sólo a esas comunidades, como la mía, Myrtle Beach. Pero era obvio que los millones de personas desplazadas por el aumento del nivel del mar tendrían que ir a otra parte. Tuvimos un ejemplo temprano en la diáspora de Nueva Orleans después de Katrina, cuando sus refugiados terminaron por todo el país, pero sobre todo en Texas.

Una migración anterior a gran escala que podría servir como modelo se produjo con el Dust Bowl, cuando se estima que dos millones quinientos mil personas abandonaron los secos estados de las llanuras, la mayoría con destino a California. Eso tuvo un efecto enorme tanto en los lugares que dejaron como en aquellos a los que llegaron. Otro ejemplo es la Gran Migración, cuando seis millones de afroamericanos abandonaron el sur rural por el norte industrializado. Esto provocó que el porcentaje de afroamericanos que vivían en el sur disminuyera de más de 90 por ciento a alrededor de 50 por ciento en aproximadamente cuarenta años.

Pero estas dos migraciones llevaron a personas de una parte del país a otra. ¿Qué dijo un académico?... He aquí lo que dijo: bajo el cambio climático, la gente irá "de todos los lugares costeros de Estados Unidos a todos los demás lugares de Estados Unidos". También predijo otro efecto ominoso: así como algunas personas en Nueva Orleans nunca se fueron, al igual que muchos afroamericanos se quedaron en el sur, muchos residentes costeros se negarían a irse y aguantarían sin importar razones. Mi papá es un buen ejemplo. Otros querían irse pero no tenían activos, ningún lugar adónde ir y nadie que los ayudara. Se encontraron atrapados donde estaban y se han convertido en una enorme carga para la sociedad.

Cuando los demógrafos en la década de 2020 intentaron predecir cuántas personas podrían ser desplazadas por el aumento del nivel del mar, utilizaron como modelo esas migraciones anteriores, cuando alrededor de ocho millones quinientas mil personas emigraron de una población de aproximadamente ciento treinta y dos millones de estadunidenses, o un poco más de 6 por ciento. Se proyectaba que la población mundial alcanzaría cerca de diez mil millones para 2050; por supuesto, esa proyección ignoraba los efectos fatales del calentamiento global, pero eso era con lo que la gente tenía que trabajar en ese momento. Como ya dije antes, alrededor de 50 por ciento de las personas en todo el mundo vivían a menos de 60 millas [100 kilómetros] de la costa, lo que equivale a unos cinco mil millones en todo el mundo. Si ese mismo 6 por ciento, como en la década de 1930 en Estados Unidos, se hubiera convertido en refugiados climáticos, eso habría significado unos doscientos treinta millones en todo el mundo, sólo a causa del aumento del nivel del mar.

Sin embargo, debe tener en cuenta que muchos de los pobres de Oklahoma y otros estados y los afroamericanos del sur sin duda tenían buenas razones para migrar, pero nadie lo hizo. Elegían mudarse para tener una vida mejor, no para salvar sus vidas, por lo que no es sorprendente que el 6 por ciento para la migración climática haya resultado ser bastante bajo.

La gente ha tenido que migrar no sólo por el aumento del nivel del mar, sino también por el calor extremo, la sequía, el hambre, las enfermedades, la desertificación, la calidad del agua y un largo etcétera. Nadie sabe cuántas personas en lo que va del siglo se han visto obligadas o han elegido migrar, pero el número asciende a miles de millones en todo el mundo.

Los académicos de hoy creen que el número de migrantes ha alcanzado su punto máximo y se está reduciendo, por dos razones: primero, la mayoría de los que tenían la capacidad de migrar, ya lo ha hecho. Segundo, el número de lugares a los que uno puede moverse con seguridad está disminuyendo. Nadie va a encontrar una comunidad que le dé la bienvenida. Es más probable que sea rechazado a punta de pistola.

Tuvalu

Tavau Toafa es la última persona viva que nació en la nación de la isla de Tuvalu. Lo entrevisté gracias a los buenos oficios del Museo de Nueva Zelanda, Te Papa Tongarewa, en Wellington, uno de los pocos museos que han logrado mantener sus puertas abiertas.

Señor Toafa, saludos. Por favor, dígame cómo llegó a Nueva Zelanda en lugar de su isla natal de Tuvalu.

Si pudiera verme, sin duda diría que me veo polinesio, no como un kiwi o maorí típico. No vengo de aquí, sino de un lugar que ya no puedes encontrar en ningún mapa, porque ha desaparecido bajo las olas. En el año en que nació el siglo, yo también nací en el pequeño atolón de Tuvalu. Mire de cerca uno de los antiguos atlas que tienen aquí en el museo, y podrá ubicar dónde solía estar Tuvalu, al sur del ecuador y al oeste de la línea internacional de cambio de fecha. La primera y hasta entonces única vez que el mundo exterior notó a Tuvalu fue en la Segunda Guerra Mundial, cuando el general MacArthur construyó un aeródromo en una de nuestras islas.

En 1978, Tuvalu obtuvo su independencia como miembro de la Commonwealth británica. Por área terrestre, Tuvalu fue la cuarta nación más pequeña del mundo, después del Vaticano, Mónaco y Nauru. Teníamos nueve atolones de coral, de 10 millas cuadradas [26 kilómetros cuadrados] de superficie total, repartidos en 50,000 millas cuadradas [130,000 kilómetros] del océano Pacífico. Cuando nací, en 2000, nuestra población era de sólo nueve mil cuatrocientos veinte personas.

Durante siglos, habíamos vivido de la pesca y el cultivo de cocos, ñame y plátanos. Luego, después de la guerra, necesitábamos dinero en efectivo, que ganábamos vendiendo licencias de pesca y nuestros hermosos sellos a coleccionistas de todo el mundo. Luego, con la llegada del internet, a Tuvalu se le asignó el nombre de dominio *punto tv*. Ganamos dinero vendiendo el uso de ese nombre. Era más bien como dinero cayendo del cielo.

Sin embargo, poco después de su nacimiento, todo comenzó a desmoronarse para Tuvalu.

Casi no quemamos petróleo ni carbón. Los expertos aquí en el museo dicen que Tuvalu emitía mucho menos dióxido de carbono que una pequeña ciudad de Nueva Zelanda de la misma población. Pero cuando el nivel del mar empezó a subir, el problema de Tuvalu fue la geografía. Nuestro punto más alto estaba a unos 15 pies [4.5 metros] sobre el nivel del mar y, cuando yo nací, la mayor parte de Tuvalu estaba a menos de 6.5 pies [2 metros] sobre el nivel del mar. Si el mar seguía subiendo, no teníamos tierras más altas a las que retirarnos. Cuando supimos que los científicos predecían que el nivel del mar se elevaría 3 pies [1 metro] o más, supimos que, si tenían razón, Tuvalu estaría condenado.

Recuerdo que mis padres me dijeron que, cuando nací, el ciclo regular de la luna de mareas altas, combinado con mares más altos, estaba haciendo que el océano se derramara sobre nuestras carreteras, campos y vecindarios. Cada año el mar parecía llegar un poco más lejos y tardar un poco más en retroceder. Mis padres dijeron que en el centro de las islas más grandes, el agua de mar salía a chorros a través del lecho de roca de coral y se derramaba en los pozos de ñame. La pista del aeropuerto de Funafuti comenzó a inundarse todo el tiempo, y ésa era nuestra mejor salida en caso de emergencia.

Con el paso de los años, el agua más cálida blanqueó nuestros arrecifes de coral y éstos murieron, llevándose consigo a los peces, que eran nuestra principal fuente de proteínas. La poca agua dulce disponible empezó a tener cierto sabor salado. Los ciclones del Pacífico parecían haberse vuelto más fuertes y sabíamos que uno realmente grande podría acabar con toda nuestra nación y dejar nuestros atolones inhabitables.

Cuando tenía 30 años, nuestro gobierno anunció que tendríamos que abandonar Tuvalu. Para entonces, otras naciones de Asia y el Pacífico tenían sus propios problemas, por lo que no sabíamos quién nos acogería. Varias nos rechazaron. Pero gracias a Dios por los neozelandeses. Para su mérito eterno, esos kiwis, de los que me enorgullece considerarme uno, nos recibieron calurosamente. Su amabilidad nos permitió sobrevivir como personas individuales y mantener nuestra cultura tuvalesa. Sin embargo, a medida que nuestra gente se casa con personas de otras razas, me temo que llegará el día en que sólo los historiadores habrán oído hablar de Tuvalu y, algún día, nadie.

Tuvalu no fue la única nación insular que se hundió. Kiribati, Tokelau, Samoa Americana, Tonga y Guam también quedaron bajo las olas o se vieron tan amenazadas que la gente las abandonó. Y lo mismo pasó en el océano Índico: las Seychelles, las Maldivas y Mauricio, por ejemplo. Me dicen que el mar seguirá subiendo, por lo que seguramente se les unirán otras naciones insulares.

Mi abuelo fue el último primer ministro de la nación de Tuvalu. Se aseguró de ser el último tuvalese en salir de nuestra isla. Me dijo que mientras subía por la rampa para abordar el barco que partiría de Tuvalu hacia Nueva Zelanda, sosteniendo nuestra joven bandera contra el pecho, una tristeza abrumadora se apoderó de él. Era incluso más poderosa que la tristeza que había sentido cuando moría un miembro de la familia o un ser querido. Algo más grande que cualquier individuo o familia estaba muriendo ante sus ojos, la noción misma de lo que significaba ser tuvalese. Cuando nuestras islas desaparecieron más allá del horizonte, dispuestas a hundirse bajo las olas, él supo que nunca regresaría y que nuestra bandera nunca volvería a ondear. Tener que abandonar tu patria es una cosa, la gente ha tenido que hacerlo a lo largo de la historia. Pero hacer que simplemente se desvanezca es otra. Entonces sabrá con certeza que ni usted ni sus hijos volverán nunca.

La caída de Róterdam

Monique van der Poll es la exministra neerlandesa de Medio Ambiente. Hablé con ella en su oficina de Maastricht.

Los holandeses tenemos un dicho: "Dios creó el mundo, pero los holandeses hicieron los Países Bajos". Con gran parte de nuestra tierra por debajo del nivel del mar, antes de que pudiéramos construir ciudades tuvimos que construir barreras, diques y pólderes que impidieran la entrada del mar. Nos convertimos en líderes en arte, comercio, navegación y más. Siempre intentamos ser buenos ciudadanos del mundo. Obedientemente redujimos nuestras emisiones de gases de efecto invernadero, pero eso no hizo ninguna diferencia. Lo que importaba era lo que hacían los *grote vervuilers*, los grandes contaminadores, Estados Unidos, China e India. En 2000, los Países Bajos emitían sólo la mitad de 1 por ciento del dióxido de carbono global. Aun así, redujimos esas emisiones a la mitad, pero a escala mundial fue "*een druppel op een gloeiende plaat*", una gota en el océano, como dirían ustedes.

Los holandeses habíamos desafiado la naturaleza y el Mar del Norte durante siglos. Cuando tengamos que retirarnos, será mejor que el resto del mundo esté atento. Y tenemos que retirarnos. Hablo con usted desde la sede del gobierno holandés en Maastricht, la ciudad más antigua de los Países Bajos. Trasladamos la capital aquí en 2052, no por la edad y el papel de la ciudad en nuestra historia, sino porque —a 161 pies [49 metros]— Maastricht es nuestra ciudad más alta y, por lo tanto, será la última en inundarse.

Incluso nuestro nombre, Países Bajos, ya nos decía que si el nivel del mar subía, los de las tierras bajas estaríamos en problemas. Lo estamos. Gran parte de Holanda está definitivamente bajo algo, y ese algo es el Mar del Norte. A principios de este siglo, más de dos tercios de nuestras tierras se encontraban por debajo del nivel del mar y dos tercios de nosotros vivíamos en esas tierras. Primero luchamos contra el mar con nuestros molinos de viento; luego, con bombas eléctricas y maravillosas obras de ingeniería, como nuestras grandes puertas y barreras marítimas. Por supuesto, sabíamos que estábamos jugando un juego peligroso, pero creíamos que la determinación y el ingenio holandeses nos darían la mano ganadora. No podíamos prever que el resto del mundo amañaría el juego en nuestra contra.

Como la gente en todas partes, construimos nuestra nación creyendo que la temperatura, los ríos, las mareas, el nivel del mar, y todo lo demás, se seguirían comportando como lo habían hecho siempre. Eso nos permitió planificar la inundación de cada cien años, la inundación de cada quinientos años, *enzovoort*.* "*Na regen komt zonneschijn*", decimos: si llueve hoy, mañana brillará el sol. En otras palabras, por muy malas que se pongan las cosas, volverán a la normalidad. Pero ahora la vieja normalidad se ha ido.

A medida que el mar subía, la tierra holandesa también se hundía, como la tierra delta en todas partes, lo que por sí mismo hace que el nivel del mar suba en relación con la tierra. Nuestro peor problema históricamente, como era de esperar, han sido las devastadoras inundaciones. Tuvimos una muy severa en 1916, que nos hizo gastar mucho en protección contra inundaciones. Luego, en enero de 1953, llegó una todavía más grave, que rompió

* En neerlandés en el original, significa "etcétera". *(N. del T.)*

esas protecciones para hacerse famosa en la historia holandesa. Una marea alta y vientos de 30 millas por hora [48 kilómetros por hora] elevaron una marejada casi 20 pies [6 metros] por encima del nivel medio del mar y la enviaron a estrellarse contra nuestros diques. Muchos de ellos colapsaron y murieron cerca de dos mil personas y treinta mil animales. Tuvimos que evacuar a setenta mil personas. Como una escena en uno de nuestros *sprookjes*, nuestros cuentos de hadas, cuando el último dique estaba a punto de fallar, el alcalde de una ciudad ordenó a un barco que navegara por el agujero del dique y lo taponara como un dedo gigante, con lo que se salvaron tres millones de personas de las inundaciones masivas. El susto de esa inundación nos lanzó a un programa de cincuenta años para fortalecer nuestras defensas contra el Mar del Norte.

A finales del siglo XX, Róterdam era el puerto más activo de Europa y la columna vertebral de la economía holandesa. Era nuestro deber protegerlo a toda costa. Entonces, comenzamos una nueva serie de protecciones llamados Trabajos Delta, que incluyó nuestro mayor logro de ingeniería, la Maeslantkering, o barrera contra marejadas ciclónicas, en la desembocadura del Rin, debajo de Róterdam. Se trataba de un par de puertas gigantes, curvas, montadas sobre cojinetes de bolas de 33 pies [10 metros] de diámetro. Alguien dijo que parecían dos torres Eiffel tumbadas de lado.

En la década de 1990, los diques y las barreras habían sellado todas las rutas por las que el Mar del Norte podía entrar en el delta del Rin en Róterdam, excepto una: un canal de navegación llamado Nieuwe Waterweg. Ese canal era como su salida del golfo del río Mississippi en Nueva Orleans, un *kanaal** excavado para proporcionar a los barcos una ruta más rápida hacia los muelles. Pero como se descubrió, estos canales también brindan una ruta más rápida hacia el interior para las mareas altas y los huracanes. Las barreras de Maeslant se construyeron para evitar que el agua

* En neerlandés en el original, "canal". *(N. del T.)*

subiera por Nieuwe Waterweg hasta Róterdam. Las probamos en noviembre de 2007 y descubrimos que funcionaban perfectamente. Creímos que nos protegerían de lo peor que pudiera hacer el Mar del Norte, pero eso era lo que se pensaba en el siglo XX, y nosotros teníamos que enfrentarnos a los problemas del siglo XXI, algo que la humanidad nunca antes había encarado.

Por supuesto, habíamos aceptado durante mucho tiempo la realidad del calentamiento global e hicimos lo que pudimos para adaptarnos. Sabíamos que el Mar del Norte seguiría subiendo. Incluso exigimos a nuestros niños en edad escolar que aprendieran a nadar con la ropa y los zapatos puestos. ¿Quién más hizo eso? Con un gran gasto, habíamos elevado la altura de las barreras de Maeslant de 72 a 82 pies [de 22 a 25 metros], pero el mar seguía subiendo. ¿Qué se suponía que debíamos hacer? ¿Abandonar nuestro país a manos del mar? Ningún holandés haría algo así.

A mediados de este siglo, aunque las puertas habían protegido a Róterdam de varias inundaciones, la crecida del agua había dañado las instalaciones portuarias, que eran una importante fuente de ingresos para Holanda. Sabíamos que debíamos elevar la altura de las puertas una vez más y estábamos en el proceso de tratar de averiguar cómo pagarlo. El endeudamiento estaba fuera de discusión, porque ningún banco o fondo internacional otorgaría préstamos para tal proyecto.

Luego, en enero de 2052, un año antes de que se cumpliera un siglo de la tormenta gigante de 1953, una tormenta mucho más grande levantó una oleada del Mar del Norte de 100 pies [30 metros], sobre el nivel del mar más alto, efectivamente incluso más alto por el hundimiento de nuestra tierra. Olas mucho más altas que las que los holandeses hubieran visto jamás rodando en esos mares crecidos, y eso es mucho decir, se estrellaron contra las barreras de Maeslant y nuestras otras defensas contra el mar. Cerramos la gran barrera de la presa del sur y las de Maeslant, y rezamos. A medida que el agua subía más, algunas oleadas comenzaron a sobrepasar las barreras. La barrera de la derecha, que mira hacia el interior, comenzó a tambalearse sobre su eje y luego a vibrar. El movimiento se hizo más violento hasta que la barrera arrancó hasta sus cimientos y cayó en el canal. Ahora no había nada que detuviera al Mar del Norte y, como una flecha, la oleada tomó velocidad en el Nieuwe Waterweg y entró directo en el corazón de Róterdam. En cuestión de horas, toda Róterdam estaba debajo de 18 pies [5.5 metros] de agua.

Creyendo que las barreras de Maeslant no podían fallar, las autoridades de Róterdam no habían evacuado la ciudad. Para el momento en que dieron la orden, muchos de los ancianos y enfermos, aquellos que no tenían forma de salir, se ahogaron. Las inundaciones atraparon a miles en áticos y a los prisioneros en sus celdas; muchos otros murieron tratando de salvar a sus seres queridos y a sus mascotas.

Nadie sabrá nunca el número exacto de personas que se ahogaron en la gran inundación de Róterdam en 2052, porque las autoridades nunca encontraron a miles de desaparecidos. No obstante, estimamos que un tercio de la población de Róterdam, de ochocientas mil personas, murió en esa tormenta y sus secuelas, lo que la convierte en el mayor desastre de la historia holandesa.

Reconstruir las barreras de Maeslant, restaurar las instalaciones portuarias de Róterdam y reconstruir la ciudad en ruinas habría requerido mucho más dinero del que teníamos los holandeses en ese momento. E incluso si el gobierno hubiera podido encontrar el dinero, las aseguradoras, los banqueros, los constructores y, lo que es más importante, la propia gente había perdido la confianza en una ciudad costera como Róterdam. El mar seguiría subiendo y ¿quién podía decir que la próxima gran tormenta no sería todavía mayor? ¿Y que la siguiente después de ésa no sería aún más grande? Creo que fuimos la primera nación en decidir formalmente que nuestra población tendría que trasladarse tierra adentro, lejos de la costa. Los holandeses conmemoramos el 31 de enero de 2052 la caída de Róterdam, un día de luto nacional. En marzo de ese año, trasladamos la sede del gobierno holandés a Maastricht.

Debido a la configuración de la costa y a la forma en que se acercaron las aguas de la tormenta, Ámsterdam y otras ciudades costeras sobrevivieron a la gran tormenta de 2052 más o menos intactas. Pero no hay forma de calcular el daño que la caída de Róterdam causó en la autoimagen, la confianza y el futuro de Ámsterdam. Róterdam nos mostró cómo ni siquiera las mejores obras de la ingeniería holandesa podían evitar la destrucción de una de nuestras principales ciudades en cuestión de horas. Ámsterdam tardó años, no horas, en caer, pero cayó, víctima no de una gran tormenta, sino de una gran pérdida de confianza en que la ciudad podría seguir siendo habitable frente al inminente calentamiento global, el incremento del nivel del mar y las tormentas. Quizás ésa fue la principal lección de Róterdam: la pérdida de confianza en el futuro de una ciudad puede ser tan letal como cualquier fuerza destructiva, ya sea provocada por el hombre o natural.

Las estructuras construidas para proteger a Nueva York habían fallado en la tormenta de 2042. Los británicos habían construido la Barrera del Támesis para evitar que el agua entrara en la llanura aluvial alrededor de Londres. Había sido diseñada a fines de la década de 1970 y se proyectaba que duraría hasta 2030, pero, por supuesto, los planificadores no tuvieron en cuenta el calentamiento global. Podría haberse modificado para que durara más tiempo, pero en la década de 2020 Gran Bretaña estaba casi paralizada por las divisiones internas y, liderada por quienes aún negaban el calentamiento global, no hizo nada. Los rusos construyeron una presa móvil en San Petersburgo, su Cuerpo de Ingenieros del Ejército gastó miles de millones en lo que ya sabían que eran defensas inadecuadas por el ejemplo de Nueva Orleans, otras naciones comenzaron sus propios proyectos, *enzovoort*. Ninguno ha sobrevivido. Es imposible construir una barrera lo suficientemente alta como para detener un mar que sigue subiendo cada año, sin un final a la vista.

¿Qué pasó con otras ciudades holandesas, fuera de Róterdam y Ámsterdam?

Mire un mapa del año 2000 y podrá ver qué áreas y ciudades eran vulnerables. Hemos abandonado todas las que se encontraban por debajo del nivel del mar en ese entonces, ya sea porque se inundaron repetidamente o porque temíamos que un día se inundarían. La Haya, Haarlem, Leiden, Delft, Harlingen, Groningen y muchas otras ciudades y pueblos más pequeños ya no existen. Los holandeses hemos tenido que renunciar a nuestra estrategia nacional, tal vez incluso a nuestra identidad nacional, y rendirnos a la preciosa tierra del Mar del Norte por la que durante siglos luchamos.

En 2020, Holanda tenía más de diecisiete millones quinientos mil personas viviendo en alrededor de 16,000 millas cuadradas [41,500 kilómetros cuadrados], lo que nos daba una densidad de población de cuatrocientos veinte personas por kilómetro cuadrado. Era la tasa más alta de Europa y equivalía a poco más de un tercio de la densidad de población de Bangladesh, que entonces tenía la más alta del mundo. Pero como ya mencioné, la mitad de nuestra tierra estaba por debajo del nivel del mar; ahora hemos tenido que abandonar toda esa tierra, un hecho que por sí solo duplicó la densidad de población. Para empeorar las cosas, en 2050 la población de los Países Bajos había aumentado a dieciocho millones. Hoy, nadie está seguro de cuál es la cifra, pero digamos que quedan dieciocho millones. Esas personas viven en la mitad de la tierra que teníamos en 2020, por lo que la densidad de la población actual es de aproximadamente ochocientos setenta. Y a medida que perdemos más tierra en el mar, a menos que nuestra tasa de mortalidad aumente todavía más, lo cual podría suceder, la cantidad de habitantes por kilómetro cuadrado está destinado a aumentar.

Tendrías que ser holandés para saber cuánto me duele decir esto, pero nuestra nación de marineros se ha convertido en una nación de *landrots*, marineros de agua dulce, como les dicen ustedes, comprimidos en la mitad de nuestra tierra, y mañana tal vez sea sólo en un tercio. Nuestra economía se ha derrumbado y la gente razonable no ve cómo los Países Bajos podrán sobrevivir como nación. Ya hemos hecho propuestas a Alemania y Francia sobre una fusión. Pero recuerdo que en su inglés se decía: "Los iguales no se fusionan". ¿Qué activos tenemos los holandeses para aportar a una unión? ¿Un país medio ahogado? Todavía tenemos nuestra identidad holandesa y nuestro orgullo, pero ¿cuánto tiempo podremos conservarlos si nos convertimos en parte de Alemania o Francia?

CUARTA PARTE

HIELO

Una contradicción frágil

César García es el ministro del Medio Ambiente de Perú. Su familia tiene sus raíces en la época de Pizarro y Atahualpa. Entrevisté al señor García en su casa en Pucallpa, al este de los Andes, adonde su familia se mudó después de la Caída de Lima.

Perú tiende a ser una tierra de extremos, especialmente en su topografía y clima. Si mis antepasados hubieran dependido sólo de la lluvia para su agua, nunca podrían haber sobrevivido en la franja de tierra árida, estrecha y baja que se encuentra entre la costa del Pacífico y los Andes, porque es uno de los lugares más secos del planeta. La razón de esta extrema aridez es que la costa occidental de América del Sur se encuentra bajo la sombra lluviosa de los Andes. La corriente fría de Humboldt enfría el aire húmedo del Pacífico y, a medida que se mueve hacia el interior y asciende, su humedad se condensa como nieve y cae sobre los picos andinos. El proceso deja la llanura costera del Perú tan seca que recibe sólo 2 por ciento de las precipitaciones de nuestro país. Sin embargo, a principios de siglo, la costa sustentaba a 70 por ciento de nuestra población. ¿Cómo nos las arreglamos para mantener a tantos con tan poco? Los peruanos teníamos nuestro propio *milagro de panes y peces*.

Nuestro mayor milagro puede haber sido nuestra capital, Lima. Cuando comenzó este siglo, Lima mantenía a siete millones trescientos mil personas con sólo 1 pulgada [25 milímetros] de lluvia cada año, y la mayor parte de esa lluvia no caía en forma de lluvia, sino que flotaba como una neblina fría. Si Lima hubiera reunido cada gota de humedad dentro de sus límites, el total habría llegado a 500 galones [1,893 litros] por año para cada residente. Compare eso con los 200 galones [757 litros] o más *por día* que la persona promedio en una de sus ciudades del desierto estadunidense usaba en ese entonces.

Obviamente, los limeños tenían que conseguir su agua de algún otro lugar que no fuera el cielo. Y para mantener una gran ciudad, tenían que poder contar con esa agua incluso en los años secos. Por fortuna, tenían un reservorio confiable: los glaciares de los picos nevados de la Cordillera Central. En invierno, los glaciares se acumulaban; en verano, enviaban su agua de deshielo por el río Rímac, hasta Lima. Al siguiente año, lo mismo otra vez. Esos glaciares mantuvieron viva a Lima. Sin ellos, se habría convertido en una ciudad fantasma. Como decimos en otro contexto: "El que no trabaje que no coma". Sin molienda, no hay comida. O, en este contexto, sin hielo, no hay agua. Esos glaciares eran nuestra fábrica de agua.

Todas las naciones andinas —Argentina, Bolivia, Chile, Colombia, Ecuador, Perú y Venezuela— dependían hasta cierto punto del deshielo de los glaciares para obtener agua. La Paz y El Alto en Bolivia, por ejemplo, obtenían la mayor parte de su agua del glaciar Chacaltaya.

Algunas otras partes del mundo, como África Oriental y Nueva Guinea, también tuvieron alguna vez glaciares tropicales. Piense en el gran cuento del siglo XX "Las nieves del Kilimanjaro". Pero esos países tenían más lluvia que Perú y no dependían tanto del agua de deshielo.

Un glaciar en los trópicos es, por definición, *una contradicción frágil*. Si la temperatura sube un poco, los glaciares tropicales comienzan a desaparecer. Incluso antes de este siglo, los glaciares andinos habían comenzado a derretirse rápidamente. Entre 1970 y

2000, los glaciares de Perú se redujeron en casi un tercio. Sucedió lo mismo con los glaciares del Cotopaxi, en Ecuador. En 1983, un científico predijo que los glaciares El Cocuy, de Colombia, durarían al menos trescientos años. Un estudio repetido en 2005 redujo ese tiempo a veinticinco años y, a principios de la década de 2030, los glaciares El Cocuy ya habían desaparecido.

Entre 1980 y 2005, el glaciar de uno de nuestros picos más famosos, Pastoruri, de 17,200 pies [5,250 metros], en nuestro hermoso Parque Nacional Huascarán, se redujo 66 pies [20 metros] por año. Al final de ese periodo, el glaciar cubría menos de 1 milla cuadrada [1.6 kilómetros cuadrados]. En una década, también había desaparecido. El casquete glaciar de Quelccaya, en la Cordillera Oriental, solía ser uno de los glaciares más grandes del mundo, pero para el año 2000 había retrocedido más de un kilómetro y, a mediados de siglo, también había desaparecido.

De igual forma, los glaciares tropicales en otras partes del mundo habían comenzado a derretirse en el último siglo. El Kilimanjaro había perdido entre 75 y 85 por ciento de su hielo y siete de los dieciocho glaciares del monte Kenia habían desaparecido. Los glaciares tropicales de Nueva Guinea también se estaban reduciendo. Hoy no quedan glaciares tropicales en ninguna parte.

Los peruanos recibimos muchas advertencias, pero no hicimos caso. A medida que subía la temperatura, los glaciares de la Cordillera Central comenzaron a derretirse más rápido y a enviar grandes cantidades de agua de deshielo por nuestros ríos. En las primeras décadas de este siglo, nuestra principal preocupación eran las inundaciones, no la sequía. Fue imposible convencer a la gente y a los políticos de que ésta era la fiesta antes de la inminente hambruna, que algún día terminaría el *milagro*. Nuestros científicos dijeron que el cambio de demasiada agua a muy poca se produciría a principios de la década de 2040. No pudieron persuadir a nuestros líderes para que se construyeran reservorios para almacenar el agua alta y que introdujeran fuertes medidas de conservación.

Supongo que se podría decir que nuestros picos andinos no eran lo suficientemente altos. Ninguno en la Cordillera Central se eleva más allá de 19,350 pies [6,000 metros] y, cuando comenzó el siglo, sus glaciares estaban todos por encima de 16,400 pies [5,000 metros]. Los científicos nos dijeron que por cada grado Celsius que subiera la temperatura, la línea de nieve en nuestra latitud se elevaría alrededor de 490 pies [150 metros]. Un alumno de quinto grado podría hacer los cálculos. Si la temperatura promedio en las montañas altas aumentaba alrededor de tres grados, y los científicos nos habían dicho que las temperaturas en las montañas aumentan más que en las llanuras, todos esos glaciares estaban destinados a desaparecer. En nuestra *negación*, los limeños, como la gente de todas partes, se rehusaron a aceptar las consecuencias del calentamiento global hasta que fue demasiado tarde. Cuando los glaciares se derritieron y los ríos se secaron, no contábamos con reservas.

Los pobres fueron los primeros en sentir sed. En el último siglo habían emigrado a Lima por millones. Para 2050, la ciudad y el Perú mismo se estaban despoblando, ya que los pobres, cargando sus pocas posesiones a sus espaldas o en carretas, salían de las barriadas y caminaban de regreso a las tierras altas de donde sus antepasados habían descendido generaciones antes. La mayoría se dirigió hacia el lado este de las montañas, si conseguían llegar allí, donde todavía llovía bastante y desde donde estoy hablando con usted, señor. Una cadena humana aparentemente interminable llenó las carreteras que conducían desde las ciudades costeras hasta los pasos de montaña. Muchos se quedaron en el camino.

Otro problema fue que a medida que disminuía el caudal de los ríos, también lo hacía la cantidad de energía hidroeléctrica que generaban nuestras represas. La energía hidroeléctrica alguna vez representó 80 por ciento de la energía de Perú; teníamos pocos recursos de combustibles fósiles y no había forma de reemplazar la energía hidroeléctrica faltante. La falta de energía fue la razón principal por la que, a pesar de que Perú tenía mucho acceso al mar, no podíamos utilizar la desalinización.

A medida que las ciudades se volvieron inhabitables, resurgió la organización maoísta Sendero Luminoso, que había desaparecido en gran medida durante los primeros años del siglo. Comenzó a patrocinar actos terroristas destinados a desestabilizar al gobierno, afirmando con cierta razón que los ricos recibían suministros secretos de agua a expensas de los pobres. Cada vez más pobres se unieron a Sendero Luminoso, al igual que miles de soldados desertores. Hoy, Perú casi ha dejado de existir como Estado en funciones, y se ha convertido en un conjunto de campamentos armados, cada uno de los cuales protege su suministro de agua local.

Algunos países de América del Sur y sus líderes corruptos habían vendido suministros de agua e infraestructura a empresas privadas extranjeras, dentro del supuesto capitalismo en su mejor momento. Pero estas empresas estaban en el negocio para obtener ganancias. En el momento en que eso se volvió imposible, las compañías de agua simplemente se marcharon. En la mayoría de los casos, al ver lo que estaba por venir, no habían invertido casi nada en reparación y mantenimiento, por lo que el equipo y las instalaciones que dejaron fueron inútiles para nuestros gobiernos paralizados.

Lo más aterrador sobre el futuro de Perú es que tenemos suficiente agua para sólo alrededor de un tercio de la cantidad de personas que el país mantenía en 2000 y que el agua se encuentra a gran altura o en el lado este de los Andes. Necesitamos abandonar la franja costera y construir un nuevo país de gran altura en la vertiente oriental, pero ¿de dónde sacamos los recursos, el liderazgo, la energía, la esperanza? ¿Cómo puede un país simplemente abandonar sus ciudades más grandes y una gran parte de su territorio y restablecerse en otro lugar? ¿Cuándo en la historia ha sucedido eso? Sin embargo, para algunos países, eso es lo que el Calentamiento Grande, el Gran Calentamiento, significa que deben hacer si esperan sobrevivir.

Impermafrost

Hoy hablo con Yekaterina Zimova en la casa de su nieto, en Vladivostok. Nacida en el año 2000, Zimova es hija de Nikita Zimov y nieta de Sergey Aphanasievich Zimov, un gran científico ruso y aspirante a restaurador de hábitats durante la primera mitad del siglo.

Katya Nikitovna, si me lo permite, cuénteme un poco sobre usted y sus ilustres antepasados.

Я счастлив*, y con eso continuaré en inglés. Solía hablarlo con fluidez cuando mi padre y mi abuelo trabajaban con científicos estadunidenses y británicos en los viejos tiempos, pero ahora estoy fuera de práctica. Veré qué tan bien puedo hacerlo.

Mi abuelo, Sergey Aphanasievich, fue considerado el principal científico de nuestro país durante los primeros años del siglo, uno de los mejores del mundo. Esto no sólo se debió a su intelecto, sino también a que estudió el permafrost, que resultaría no ser tan permanente y que contribuyó mucho más al глобальное потепление, su calentamiento global, de lo que habían predicho otros científicos.

En 1977, Sergey Aphanasievich ayudó a establecer la Estación Científica del Noreste en Cherskii como un instituto de investi-

* En ruso en el original, "Estoy feliz". *(N. del T.)*

gación de la Academia Rusa. Esta pequeña ciudad siberiana donde nací se encuentra a 69° Norte, sobre el Círculo Polar Ártico, en la desembocadura del río Kolyma, a unas 93 millas [150 kilómetros] al sur del océano Ártico. La misión del centro era estudiar el permafrost, el gas metano que desprendía y su efecto en el ecosistema. Pero antes de entrar en eso, necesito contarle sobre otro proyecto por el que en realidad se hizo famoso, el Parque Pleistoceno.

Mi abuelo y mi padre querían resolver uno de los mayores misterios de la ciencia: ¿qué provocó que el mamut lanudo y los otros grandes herbívoros desaparecieran al final de la última edad de hielo? La mayoría de los científicos siberianos pensaban que el clima se había calentado y había cambiado los pastizales a tundra —es la misma palabra en su idioma y el mío—, y que ésta no había proporcionado el suficiente alimento para mantener vivos a los grandes animales. Mi abuelo pensaba que esto había sido simplemente al revés, que el pisoteo y el estiércol de los grandes rebaños habrían convertido la tundra en pastizales. Eso habría dejado a los cazadores humanos como la única forma de explicar la extinción. Pero si la extinción se debió a la caza excesiva y no al cambio climático, podría ser posible restablecer grandes mamíferos en la tundra. El esfuerzo para hacerlo se conoció como Parque Pleistoceno. Mi abuelo estableció una reserva de vida silvestre y trató de abastecerla de bisontes, alces y ciervos salvajes, entre muchos otros, capturados vivos o comprados como crías. Cuando murió, mi padre continuó con el trabajo.

Pero fue la otra línea de investigación, los estudios del permafrost, la que resultó ser más importante.

Sí. Por supuesto, me crie con científicos y, aunque no me convertí en una, puedo explicarle sobre el permafrost. Dicen que ocurre cuando la temperatura de la parte superior del suelo es igual o inferior a cero durante al menos dos años. Esto vuelve el suelo lo suficientemente duro como para construir y también evita que la vegetación congelada sea devorada por las bacterias, y un gramo de suelo congelado puede contener millones de bacterias. Cuando la temperatura sube y el permafrost se descongela, esos millones de bacterias vuelven a la vida y comienzan a comerse las plantas. Pero cuando hacen eso, liberan tanto CO_2 como metano, o gas de carbón, como solíamos llamarlo. Éstos son los gases de efecto invernadero y, trágicamente, el CO_2 dura mucho más en la atmósfera que el metano, pero por molécula el metano produce veinte veces más calor. Solía escucharlos hablar sobre cómo esto condujo a lo que llamaron un retroefecto, un Обратная связь, como decimos nosotros.

¿Cómo funcionó eso?

Bueno. Digamos que el calentamiento global eleva la temperatura por encima del permafrost. Eso hace que la vegetación se pudra y se descomponga, y sea devorada por las ahora reactivadas bacterias, que emiten CO_2 y metano que van a la atmósfera, lo que eleva la temperatura global, y ahí está su retroefecto. Si no pasa nada más, continúa hasta que desaparece todo el permafrost. Ahí puede ser adonde nos dirigimos y, si sucede, el calentamiento global será más severo y durará más que incluso las peores predicciones que han hecho los científicos.

Recuerdo que cuando era niña escuchaba a mi padre hablar sobre cómo el permafrost ya estaba descongelado en Cherskii, donde las casas se hundían y algunas se volcaban y caían de costado. Cuando las personas intentaron reconstruir, pudieron atravesar la capa ahora cálida de la parte superior, pero varias pulgadas más abajo, el suelo todavía estaba duro como una roca y no se podía perforar para hundir un pilote.

Hoy, Cherskii lleva mucho tiempo abandonada. La ciudad más grande situada enteramente sobre permafrost era Yakutsk, que estaba a unas 280 millas [450 kilómetros] al sur del Círculo Polar

Ártico. Solíamos ir allí en mi niñez para ver lo que ofrecía una gran ciudad. En ese tiempo, tenía unas doscientos cincuenta mil personas. Ahora también está abandonada. Si usted recorriera el mundo buscando ciudades cercanas al Círculo Polar Ártico construidas total o parcialmente sobre permafrost, encontraría que casi todas están vacías o pronto lo estarán. En Rusia y Escandinavia, eso incluye no sólo a Cherskii y Yakutsk, sino también a Murmansk, Archangel, Norilsk, Tromsø y muchas otras, más pequeñas. En el otro hemisferio, Fairbanks, Echo Bay y Yellowknife.

Los modelos informáticos del clima habían proyectado que el Ártico se calentaría dos veces más rápido y alcanzaría temperaturas dos veces más altas que en el resto del mundo, y tenían razón. Los modelos mostraron que una vez que el permafrost comenzó a descongelarse, las reacciones lo mantendrían descongelado. Cualquiera que viva a unos cientos de millas del Círculo Polar Ártico sabe que su propiedad está condenada, si no en este siglo, en el próximo.

Mi padre dejó todos los artículos científicos que había recopilado, suyos y de otros, y marcó algunos para que se les prestara especial atención si alguien quería mirar hacia atrás y ver cómo las generaciones anteriores se habían asegurado de destruir nuestro mundo: el mundo de sus nietos, se podría decir. Al prepararme para nuestra conversación, revisé algunos de ellos y me sumergí en lectura dolorosa, le puedo asegurar.

Un informe de 2018 fue escrito por un grupo de geólogos principalmente finlandeses, cuyo país se extendía por encima del Círculo Polar Ártico, quienes necesitaban conocer el efecto que tendría el calentamiento global en el permafrost. Dijeron que para 2050, sólo treinta y dos años en el futuro para ellos y, por lo tanto, probablemente durante la vida de la mayoría de las personas que leyeron el periódico, cuatro millones de personas y aproximadamente tres cuartas partes de la инфраструктура, la infraestructura, estarían expuestas al daño del permafrost. Esto resultó ser exacto pero, por supuesto, ahora estamos treinta y cuatro años más allá de ese punto, sin un final a la vista del deshielo.

Encontré otro artículo que predijo con precisión que el permafrost derretido cerraría las operaciones de petróleo y gas en Alaska, incluidos los pozos de petróleo en North Slope y Trans-Alaska y otros oleoductos. Además, el área en el noroeste de Siberia, donde comienza el principal gasoducto de la Unión Europea. Hay que reírnos, es mejor que llorar, ¿no es así? Podemos reírnos de que las empresas de combustibles fósiles se hayan convertido en sus propias víctimas. Por supuesto, ahora se han ido a todas partes, pero puedo imaginar a mi padre con su sonrisa irónica sobre esa predicción en este periódico. Quizá por eso lo marcó.

¿Qué últimos pensamientos quisiera compartir con mis lectores?

Estoy orgullosa de mi padre y de mi abuelo por lo que intentaron hacer por la humanidad. Lo triste es que los supuestos líderes de aquellos días no pudieron distinguir entre el Parque del Pleistoceno, un sueño científico probablemente condenado al fracaso, y la ciencia dura del calentamiento global provocado por el hombre, algo sobre lo cual casi todos los científicos del mundo estaban de acuerdo. No estoy segura de que los rusos, que hemos conocido a grandes tiranos y déspotas, tengamos palabras para etiquetar a los que destruyeron nuestro mundo, pero dejemos que esta abuela lo intente: Убийцы нерожденных детей, asesinos de niños por nacer.

Nanuk

*Marie Pungowiyi es una inuit nativa de Alaska y antropóloga. Visitó mi casa durante un viaje a "los cuarenta y ocho inferiores".**

Nadie sabe cuándo llegó la gente inuit por primera vez a la isla de Kigiktaq, de donde viene mi gente, pero los arqueólogos han encontrado evidencia de que estuvimos allí cientos de años antes de que llegara el hombre blanco. La isla tenía un puerto protegido, pero la orilla del mar de Chukchi es un lugar implacable, sobre todo cuando no hay nada que bloquee el viento. Nos ganábamos la vida con el mar, pero el Chukchi podía volverse contra ti en sólo quince minutos. Mi gente y muchos otros habitantes del oeste de Alaska estuvieron a punto de morir en la década de 1880, una época que llamamos la Gran Hambruna, después de que los balleneros yanquis mataran a todas nuestras morsas y ballenas. Alrededor de 1900, nuestro pueblo creció como un depósito de suministros para los mineros de oro. Luego, en 1997, incluso antes de que el nivel del mar subiera tanto, una gran tormenta erosionó 33 pies [10 metros] de la costa norte de nuestra aldea, lo que nos obligó a reubicar algunas casas y edificios.

* Es una expresión propia de los habitantes de Alaska para referirse a Estados Unidos. *(N. del T.)*

Por supuesto, esas tormentas siempre habían ocurrido, pero nosotros, los inuits de Kigiktaq, habíamos sobrevivido a ellas y a las peores que el estrecho de Bering y el mar de Chukchi podían arrojarnos. A principios de este siglo, eso comenzó a cambiar. En aquel entonces, mi tío tatarabuelo, Caleb Pungowiyi, era asesor especial de Asuntos Nativos de la Comisión de Mamíferos Marinos. Me gustaría leerle un informe que escribió en ese momento:

> Nuestros antepasados nos enseñaron que el entorno ártico no es constante y que algunos años son más duros que otros. Pero también nos enseñaron que los años duros son seguidos por tiempos de mayor abundancia y celebración. Como hemos descubierto con otros aspectos de la sabiduría ancestral de nuestra cultura, los cambios modernos, no de nuestro hacer, nos hacen preguntarnos cuándo volverán los buenos años.

Como temía mi antepasado, los buenos años no volvieron. Mi gente tuvo que abandonar Kigiktaq y mudarse a otro sitio. Luego, tormentas más severas de las que nuestra gente jamás había conocido destruyeron la aldea, dejando la tierra como la debieron encontrar los primeros inuits cuando cruzaron el estrecho de Bering, hace miles de años. Lo mismo ha sucedido en el Ártico: los pueblos nativos no han podido mantener sus estrategias tradicionales de supervivencia en el mundo más cálido de hoy y han tenido que abandonar sus hogares y sus villas.

Sé que antes del calentamiento global la gente afirmaba que esto beneficiaría a los habitantes del Ártico. Todo ese hielo problemático se derretiría y disfrutaríamos de temperaturas más cálidas. ¿Qué tan ignorante se puede llegar a ser? ¿No sabían que muchas de nuestras ciudades se construyeron sobre el permafrost? Al descongelarse, fue como si la tierra sólida se derritiera debajo. Eso incluso afectó a nuestras ciudades: el suelo en Fairbanks se volvió tan inestable que se tuvieron que abandonar muchos edificios.

El informe de mi tío tatarabuelo muestra cuánto habían cambiado las condiciones en Kigiktaq incluso en la primera década de este siglo. A medida que las temperaturas se incrementaban —y recuerde, se incrementaron el doble en el Ártico en comparación con todo el mundo—, se derritió más hielo marino y más pronto año con año, lo que movió la capa de hielo más lejos de la costa. Las morsas, las focas y los osos polares se fueron con el hielo y, a menudo, terminaban demasiado lejos para que nosotros pudiéramos cazar y para que ellos regresaran al hielo sólido o la tierra, por lo que muchos murieron.

Cuando el mar, el viento y la temperatura cambiaban, los animales también necesitaban cambiar, pero no sabían cómo. La *nunavak*, la morsa, tiene que arrastrarse sobre el hielo y descansar entre comidas; de lo contrario, sólo se desgasta. Pero a medida que el hielo se derretía y sus sitios de descanso se alejaban de los lugares donde se alimentaban, las morsas tenían que gastar demasiada energía para volver al hielo. Perdieron peso y murieron cada vez más. El hielo derretido afectó a las focas, *otok*, de la misma manera. Como el hielo se derritió antes, las focas tuvieron que abandonar sus guaridas de hielo antes de que sus cachorros tuvieran la edad suficiente para sobrevivir. Las pobres criaturas murieron antes de que pudieran siquiera empezar.

Todos los lugares donde alguna vez vivieron los osos polares han desaparecido ahora. Las morsas y los osos no son peces, no pueden nadar eternamente. Los osos también tienen que arrastrarse para descansar, aparearse y criar a sus cachorros. Para hacer esas cosas, deben tener hielo. Cuanto más se derretía el hielo, más lejos tenían que nadar los osos para llegar a él, más energía gastaban y menores eran sus posibilidades de sobrevivir. Los científicos ni siquiera estaban seguros de cómo criaturas tan aisladas y solitarias como los osos polares encontraban pareja, pero, independientemente de cómo lo hicieran, cuanto menos hielo había, más difícil les resultaba. Las guaridas de osos se derritieron demasiado pronto, lo que alteró los patrones de hibernación y expulsó a los cachorros antes de que crecieran lo suficiente para sobrevivir, al igual que las focas. En algunas áreas, cuando el hielo marino se derritió, los osos se acercaron a las ciudades, donde nuestros cazadores nativos y esos enfermizos buscadores de trofeos podían dispararles. Eso se desaceleró por un tiempo después de que el gobierno de Estados Unidos incluyó al oso polar en la lista de animales en peligro de extinción, en 2008, pero pronto se reanudó, cuando el gobierno no hizo cumplir la regulación. Un nombre en una lista no tiene sentido a menos que se aplique la ley.

Una de las cosas más tristes que encontró mi gente fue que los osos nadaban lejos de la tierra o del hielo; a veces, nuestros cazadores los encontraban a decenas de millas de cualquiera de los dos. Los osos no tenían mapa o computadora. No sabían que si seguían nadando llegarían más allá del punto de retorno. No sabían que el hielo que siempre había estado allí para ellos había desaparecido. Primero los encontrábamos nadando; luego, hallábamos sus cadáveres flotando. Si no llevaban demasiado tiempo muertos, nuestros cazadores los remolcaban en busca de carne y pieles. Pero después de un tiempo, ni siquiera vimos osos muertos. El último *nanuk* se vio en la naturaleza en 2031. Los osos se reproducen en cautiverio, por lo que la gente puede ver a los *nanuk* en los zoológicos, que todavía tienen algunos. No cuente conmigo para eso. De todos modos, los zoológicos también están casi acabados.

Como el oso polar se ha ido, me temo que mi gente debe irse. Nuestras formas de vida tradicionales se han derretido con el hielo y no ha habido nada que las reemplace. No tenemos industria ni trabajo, y sin caza, no tenemos manera de mantenernos, aislados aquí como estamos. Claro, hace más calor, pero eso nos ha lastimado, no nos ha ayudado. ¿Qué hará la gente con el último inuit, ponerlo en un zoológico?

QUINTA PARTE

GUERRA

La Guerra de los Cuatro Días

El general Moshe Eban se retiró del ejército israelí en 2070. Es una autoridad en la guerra de 2038, conocida como la Guerra de los Cuatro Días, en la que sirvió como un joven oficial de artillería en los Altos del Golán.

General Eban, este siglo ha demostrado que, en tierra seca, el hombre de río arriba es rey.

Sí, y ese hecho hizo que todas las naciones de la región trataran de mantener una posición elevada. Israel sabía que si bien la religión, el nacionalismo y la historia eran fuentes de conflicto entre nosotros y las naciones árabes, la lucha final sería por el agua, lo único de lo que ninguna nación y ninguna persona pueden prescindir. Cuando el presidente egipcio Anwar Sadat firmó un tratado de paz con Israel hace más de un siglo —y selló su propia condena—, dijo que si Egipto volvía a entrar en guerra, sería para proteger sus recursos hídricos. En 1990, el rey Hussein dijo que el agua era la única razón por la que Jordania iría a la guerra con Israel. Ban Ki-Moon, secretario general de la Organización de las Naciones Unidas antes de que ésta colapsara, advirtió que la falta de agua conduciría a las guerras en el siglo XXI. Y los acontecimientos de este siglo han demostrado que todos ellos tenían razón. Los líderes de Israel no necesitaban hacer tales declaraciones; era obvio que, sin agua, nuestro experimento en la construcción de una nación estaba condenado al fracaso.

A partir de que Israel se declaró un Estado independiente, luchó por el agua con sus vecinos árabes, desde escaramuzas hasta guerras absolutas. La raíz del problema se remonta a la guerra árabe-israelí de 1948. Terminó en un armisticio, pero al no especificar la manera en que los países de la cuenca del Jordán dividirían el agua del río disponible, el acuerdo hizo inevitables los conflictos más adelante. Sin tal especificidad, Israel y los demás países de la cuenca no tuvieron más opción que comenzar a tomar el agua que necesitaban. Para evitar que Israel tuviera acceso al río Jordán, los países árabes vecinos anunciaron que planeaban desviar sus cabeceras en el Golán. Eso habría negado las aguas de los ríos Jordán y Yarmouk a la mayor parte de Israel. No podíamos permitir algo así, de modo que lanzamos en 1967 lo que se conoció como la Guerra de los Seis Días. Durante ese breve conflicto, Israel tomó los Altos del Golán, donde más tarde serví, bloqueando los planes árabes y obteniendo el control de la parte superior del Jordán. Israel también obtuvo la mitad de la longitud del Yarmouk, en comparación con las 6 millas [10 kilómetros] que habíamos controlado antes de la guerra. Después de la Guerra de los Seis Días, cuando Jordania quiso desarrollar su sección del Yarmouk, tuvo que obtener nuestro consentimiento.

El agua también tuvo un papel destacado en la evolución de la antigua Organización de Liberación de Palestina. Cuando la Organización para la Liberación de Palestina emergió con un nuevo liderazgo después de la Guerra de los Seis Días, comenzó a asaltar los asentamientos israelíes en el valle del Jordán, incluidas las estaciones de bombeo y otras instalaciones de agua. En represalia, Israel atacó el canal de Ghor oriental de Jordania y lo cerró. Luego llegamos a un acuerdo secreto que permitió a Jordania reparar el canal, pero a cambio tuvo que expulsar a la Organización para la Liberación de Palestina. Eso llevó a peleas entre los jordanos y la Organización para la Liberación de Palestina, en un periodo conocido como Septiembre Negro. Esa batalla sembró odios duraderos en una parte del mundo donde los recuerdos son largos. A pesar de que estos eventos ocurrieron en el último siglo, son clave para comprender los orígenes del conflicto del siglo XXI en Medio Oriente.

La región sufrió una grave sequía en los primeros años de este siglo. A medida que el calentamiento global elevaba las temperaturas y reducía las precipitaciones, los caudales de los ríos continuaron disminuyendo. Para 2030, el Jordán se había reducido 20 por ciento, lo que obligó a Israel y a sus vecinos a bombear más de los acuíferos subterráneos. Pero el agua subterránea es un recurso fósil que tardó miles de años en acumularse. Agotábamos el agua subterránea mucho más rápido de lo que la naturaleza podía reponer los acuíferos. A medida que las poblaciones crecieron y bombeábamos más, los niveles freáticos cayeron más y más. Pudimos ver que se acercaba el momento en que el nivel del agua sería tan profundo que ni siquiera nuestras bombas más potentes podrían levantarlo. Recuerde, el agua es pesada: un pie cúbico pesa 62 libras [28 kilogramos]. Llevarla desde la profundidad a la superficie requiere una gran cantidad de energía.

La raíz del problema ya era evidente desde la primera década de este siglo, incluso antes de que el calentamiento global comenzara a reducir la descarga del Jordán, cuando se prometió a Israel, Jordania y Siria más agua de la que contenía el río. Entiendo que en su país, en los viejos tiempos, se llamaba a esto "agua de papel".

El crecimiento de la población empeoró todo. En 2000, dos millones novecientos mil palestinos vivían en Cisjordania y Gaza. Para 2015, el número había aumentado a alrededor de cuatro millones quinientos mil, y para 2030, a seis millones. Israel tuvo aumentos de población similares. Por lo tanto, a mediados de la década de 2020 había muchos más palestinos e israelíes pero, debido al calentamiento global, incluso menos agua de la que había habido.

En la década de 2020, organizaciones como Hamas y Hezbollah, financiadas por Irán, tenían mucho dinero. Los ataques terroristas y con misiles contra Israel aumentaron de manera constante y nos encontramos incapaces de detenerlos, debido a que ya no éramos el único Estado del Medio Oriente que poseía armas nucleares. Irán había abandonado el grupo de no proliferación nuclear y había realizado varias pruebas subterráneas, por lo que ya no había duda alguna de que cuando afirmaba que estaba construyendo instalaciones nucleares con fines pacíficos, en la primera década, lo que en realidad estaba haciendo era construir bombas. Israel había bombardeado y destruido una vez un reactor nuclear iraní, pero eso sólo hizo que los iraníes enterraran sus instalaciones tan profundamente que cualquier ataque nuclear sobre ellos habría producido una enorme nube de lluvia radiactiva que luego habría podido vagar a la deriva en cualquier dirección, incluso de regreso a Israel. A finales de los años veinte, sabíamos que los iraníes tenían un arsenal que incluía al menos varias docenas de ojivas nucleares, y sólo se necesitaban unas cuantas para destruir Israel. Temíamos que algunas de las organizaciones terroristas cuya política anunciada era "borrar a Israel del mapa" también hubieran adquirido armas nucleares en el bazar atómico global que había crecido para entonces.

Así, por primera vez desde la fundación de Israel en 1948, los israelíes comenzamos a perder la confianza en la supervivencia de nuestra nación. Como siempre hacíamos cuando teníamos problemas, apelamos a nuestro mecenas: Estados Unidos. En una cumbre secreta entre nuestros líderes y los suyos en Malta, en 2028, nos habían asegurado que si Israel tenía que ir a la guerra, ellos tomarían todas las medidas necesarias, incluido el uso de armas nucleares tácticas, para defendernos. Pero si hay algo que hemos aprendido en Medio Oriente es que las promesas están hechas para romperse. ¿Estados Unidos mantendría su palabra?

En 2038, Egipto comenzó a concentrar tropas a lo largo de la frontera del Negev, como lo había hecho varias veces en el siglo xx. A las seis de la tarde del 15 de octubre de ese año, justo al atardecer, cuando el sol estaba frente a nuestros ojos, tanques egipcios seguidos por dos regimientos de tropas cruzaron la frontera hacia el Negev. Respondimos con vehículos blindados, tropas y aviones, y detuvimos a los egipcios en seco. Les habíamos dado jaque mate, pero parecía demasiado fácil. Algunos de nuestros generales sospecharon que se hubiera tratado tan sólo de una finta.

Para controlar el suministro de agua en la cuenca del Jordán, como dice el viejo refrán, ve río arriba y ocupa los Altos del Golán. Ésa ha sido la regla desde la antigüedad. En la Guerra de los Seis Días, eso es exactamente lo que Israel había hecho, dándonos control sobre la parte superior del Jordán y el Yarmouk. Dos días después de la incursión egipcia, Siria, Jordania y el Estado dependiente de Siria, Líbano, lanzaron un ataque coordinado, completo y de tres frentes en el Golán, que tomó por sorpresa a nuestro ejército. Mirando hacia atrás, puedo ver que pasar noventa años rodeados de enemigos dedicados a aniquilar a Israel nos había desgastado. ¿Cuánto tiempo puede permanecer un país en estado de alerta perpetuo? Con tantos enemigos bien armados, y tres de ellos atacándonos en el Golán, temíamos que, si librábamos una guerra convencional, Israel podría perderla. Nuestra única opción era amenazar con usar nuestras armas atómicas.

Enviamos diplomáticos con banderas blancas a Ammán, Beirut, El Cairo y Damasco. Informamos a esos gobiernos que, como sabían desde mucho tiempo atrás, Israel tenía armas atómicas —obtenidas gracias a Estados Unidos— y que se encontraban listas y cargadas en nuestros cazabombarderos supersónicos Aurora, dirigidas a las cuatro capitales. Nuestros enemigos sabían que, volando a velocidad Mach 6, algunos, si no es que todos los Aurora escaparían de la detección del radar y alcanzarían sus objetivos. E incluso si el radar enemigo los detectaba, estarían viajando a 4,000 millas por hora [6,440 kilómetros por hora], de modo que el vuelo de 250 millas [400 kilómetros] desde Tel Aviv a El Cairo tomaría menos de diez minutos, lo que permitiría velocidades de despegue más lentas y haría imposible que los aviones enemigos derribaran todos los cazabombarderos.

Entonces Irán hizo su movimiento, anunciando que, en anticipación a una solicitud de sus hermanos árabes, ya había enviado parte de su arsenal nuclear a Siria, siguiendo con una transferencia masiva de tropas a fin de unirse a la lucha para destruir la nación de Israel, un blanco de toda la vida de Irán. Recuerde que las Naciones Unidas y su Agencia Internacional de Energía Atómica habían desaparecido mucho tiempo atrás, dejando a Israel sin más opción que enfrentar solo lo que probablemente sellaría su destino: que no éramos la única potencia de Medio Oriente en posesión de armas nucleares. Si nosotros usábamos las nuestras, los árabes usarían las suyas y toda la región podría estallar en una conflagración atómica, un holocausto.

Nuestra única opción era apelar a Estados Unidos para que cumpliera su promesa y entrara en la guerra del Golán de nuestro lado. Ustedes tenían más armas nucleares que cualquier otro país y mejores medios para lanzarlas. Los barcos de guerra estadunidenses cargados con misiles de crucero nucleares ya se encontraban navegando por el Mediterráneo oriental. Su país podría haber destruido impunemente a esas cuatro capitales.

Pero Estados Unidos estaba preocupado por sus propios problemas e ignoró nuestros llamados de auxilio. A medida que pasaban las horas sin respuesta y con una pérdida constante de terreno en el Golán, nos dimos cuenta de que el juego había terminado. No tuvimos más remedio que pedir la paz y acordar retirarnos a la Línea Verde y la tierra que Israel había ocupado inmediatamente después de la guerra árabe-israelí de 1948. Tuvimos que renunciar al Golán, Cisjordania y la Franja de Gaza, y reconocer formalmente al Estado de Palestina.

Ahora, para conseguir agua, debíamos apelar a los palestinos, nuestros enemigos desde hacía mucho tiempo. Los acontecimientos habían invertido nuestros roles; ahora los israelíes éramos la minoría oprimida, desesperada y sedienta. Nuestra derrota duró cuatro días; de ahí que nuestros enemigos la llamen burlonamente la Guerra de los Cuatro Días.

Por supuesto, el resultado no dejó a nadie satisfecho. Israel había perdido todo lo que había ganado entre 1948 y 2038. Nuestros líderes temían que, habiendo ganado tanto, nuestros enemigos querrían todavía más y empujarían a Israel al mar. Pero entonces sucedió algo curioso.

A medida que los efectos del calentamiento global empeoraban y que declinaba la producción mundial de petróleo, los Estados árabes tenían demasiadas cosas en qué ocuparse como para obsesionarse con Israel. Los despóticos petroestados y sus mecenas pudieron ver la evidente fatalidad que se cernía sobre ellos, y deletrear su obituario. Los palestinos habían ganado la tierra y la condición de Estado que habían deseado durante tanto tiempo, por lo que ellos y sus partidarios se calmaron. Mantuvimos un perfil bajo, como dicen ustedes, y después de un tiempo llegamos a una extraña especie de distensión con nuestros vecinos árabes. Quizá cuanto más esfuerzo tenga que hacer la gente para sobrevivir, menos le quedará para el odio y la guerra.

No podemos saber lo que nos depara el futuro. Una cosa que sí sabemos es que a medida que el mundo continúe calentándose y nuestra región se vuelva aún más seca, no habrá suficiente agua para sostener a la población actual de Medio Oriente. Como en muchas partes del mundo, la pregunta es cómo pasamos de la población actual a una sostenible.

La Guerra del Indo

El mariscal de campo Raj Manekshaw es el jefe del ejército indio, nombrado en la capital de Hyderabad. En el momento de la Guerra del Indo de 2050, entre India y Pakistán, el general Manekshaw era un joven teniente que servía en el Rann de Kutch.

He leído que, a principios de siglo, algunos decían que era absurdo creer que el calentamiento global podría conducir a la guerra, y mucho menos al uso de armas atómicas. ¡Seguramente esa gente no sabía nada de la historia de India y Pakistán! Ya tres veces en el siglo XX luchamos y tres veces ganó India. Pakistán y Bangladesh nacieron en la guerra. Como dicen los mismos paquistaníes, "*Naa adataan jaandiyan ne, Bhavein katiye pora pora ji*": un hombre nunca deja sus hábitos, aunque lo corten en pedazos. Habíamos peleado por la tierra y el orgullo nacional, ¿creían que no pelearíamos por algo tan valioso como el agua?

Recuerde que la India toma su nombre de un río: el Indo. Nace con el agua de deshielo de los glaciares de la cordillera de Karakoram —que alguna vez cubrieron 7,000 millas cuadradas [18,000 kilómetros cuadrados]—, y fluye principalmente hacia el oeste a través de nuestro territorio de Jammu y Cachemira, luego a través del Punjab y a través de la mayor parte de Pakistán, para ingresar al océano Índico en Karachi. La palabra *punjab* significa cinco ríos, los cinco principales afluentes del Indo. El gran río convierte el Punjab en el granero de Pakistán y suministra casi toda su agua potable. Quien controla el Indo controla el Punjab, y sabíamos que algún día tendríamos que decidir quién lo hacía. El calentamiento global nos trajo ese día.

Al estar río abajo del territorio indio, los paquistaníes temían con razón que India pudiera algún día represar el alto Indo y sus afluentes y, cuando llegara la guerra, cortar el suministro de agua a Pakistán. O, como ha sucedido en otras guerras, liberar el agua de los embalses e inundar todo río abajo.

Para aliviar estos temores, en 1960 los dos países firmaron el Tratado de las Aguas del Indo. Esto le dio a India control sobre los ríos al oriente del Punjab, y a Pakistán sobre los del occidente. La paz se rompió con el renacimiento de Pakistán Oriental como Bangladesh, y condujo a la Guerra Indo-Pakistaní de 1971. No pasó mucho tiempo para que las represas y los proyectos hidroeléctricos se convirtieran en objetivos de la guerra. El 5 de diciembre de 1971, aviones caza indios atacaron y dañaron la presa de Mangla en Pakistán, una de las más grandes del mundo en ese momento. Para entonces, ya habíamos derrotado a la Fuerza Aérea de Pakistán y los cielos sobre el Punjab eran nuestros. Para bien o para mal, no revocamos el tratado del agua en ninguna de las tres guerras contra Pakistán.

A mediados de este siglo, India y Pakistán tenían cada uno cientos de bombas de plutonio y los misiles para lanzarlas. Los indios estimamos que teníamos suficientes armas, muchas de ellas con múltiples ojivas, para arrasar varias veces cada ciudad paquistaní que tuviera más de quinientos mil habitantes. Pero, lo sabíamos, también los paquistaníes las tenían. Asimismo, ambos países sabían que, dada la historia de enemistad entre nosotros, no haría falta un gran motivo para desencadenar otra guerra. Y a mediados de siglo, el tema que daría comienzo a la guerra indo-pakistaní del siglo XXI ya era evidente: ni territorio, ni religión, sino agua. El Indo, que había sido nuestro homónimo y nuestra bendición, ahora se convertía en la maldición que lanzaba al subcontinente indio a una guerra nuclear.

A medida que el clima global se calentaba, durante las primeras décadas de este siglo, los glaciares Karakoram, de los que dependían el Indo y los otros ríos de Jammu y Cachemira y el Punjab, se derritieron rápidamente. Durante dos décadas, las corrientes crecieron más que en cualquier otro momento desde que se habían iniciado los registros, en el siglo XIX. Las devastadoras inundaciones que resultaron de esto hicieron difícil que alguien escuchara a los científicos, quienes nos decían que una vez que los glaciares se hubieran derretido en su mayoría, en lugar de inundaciones, el Punjab tendría sequía.

A fines de la década de 2040, la escorrentía en el Indo se había reducido 30 por ciento. Jammu y Cachemira y el Punjab enfrentaban la misma perspectiva que había devastado Bangladesh: los ríos de los que dependía cada uno se secarían durante varios meses al año, lo que provocaría malas cosechas masivas y hambrunas que amenazaban la supervivencia misma del Punjab y Pakistán.

Previendo esta escasez, comenzamos a construir nuevas presas de almacenamiento en Jammu y Cachemira, río arriba del Punjab. También aumentamos la altura de las presas existentes para que sus embalses pudieran contener más agua. En retrospectiva, podemos ver que se trató de proyectos tontos, pues para llenar reservorios nuevos o aumentados se requiere agua excedente, y no había ninguna. Pero la gente no podía romper con la vieja creencia de que la forma de solucionar la escasez de agua era construyendo nuevas presas. En un intento por llenar nuestros reservorios, cortamos los flujos de agua a Pakistán, aunque eso significaba que las represas generarían menos energía eléctrica para nosotros. Pero habíamos aprendido la lección: una nación puede vivir con menos electricidad, pero no sin agua.

En tiempos pasados, Pakistán habría protestado por las acciones de India ante las Naciones Unidas y habría pedido a su mecenas intermitente, Estados Unidos, que interviniera y nos persuadiera para que liberáramos más agua. Pero la Organización de las Naciones Unidas ya no existía y la única vía para Pakistán era apelar directamente a la India y pedirnos que revisáramos el Tratado de las Aguas del Indo. Nuevamente, en tiempos pasados, podríamos haber accedido. Pero para la década de 2040, ninguna nación cedería voluntariamente el agua sobre la que tenía control, y dese cuenta de que estoy diciendo *control*, no "derecho legal". Nosotros estábamos río arriba y teníamos el control del agua. India rechazó la solicitud de Pakistán de renegociar el tratado y continuó incautando agua en el Indo y sus afluentes en Jammu y Cachemira.

Mirando atrás, creo que, en este clima general de desconfianza y antagonismo, dos eventos en particular desencadenaron la guerra indo-paquistaní del siglo XXI. Desde la partición en 1947, los insurgentes musulmanes habían llevado a cabo ataques y sabotajes en Jammu y Cachemira, y a veces en la propia India. En la década de 2040, cuando el suministro de agua comenzó a disminuir y Pakistán tuvo un interés creciente en obtener el control de Jammu y Cachemira, esos ataques se intensificaron. Alcanzaron un nivel nuevo y peligroso cuando los comandos paquistaníes y los insurgentes musulmanes bombardearon y destruyeron parcialmente la presa Salal y la central eléctrica en el río Chenab, en el territorio indio en el valle de Cachemira. Esto tuvo el efecto inmediato de liberar la corriente crecida río abajo, lo cual dañó a ambos países, pero, después de que las aguas de la inundación retrocedieron, el Chenab reanudó su flujo sin obstáculos hacia Pakistán, dejándolos en mejor situación que antes del ataque. Consideramos que este ataque equivale a una guerra.

En segundo lugar, en mayo de 2048, con la escasez de agua sobre nosotros, las guerrillas paquistaníes bombardearon el edificio de nuestro parlamento y mataron a varias docenas de miembros del gobierno. El primer ministro escapó sólo porque había salido por una puerta trasera apenas unos minutos antes de la explosión.

Capturamos a dos de los bombarderos y, aunque no llevaban papeles, nuestros hábiles interrogadores consiguieron que confesaran que eran paquistaníes. Créame, no quiere que describa esas habilidades. El gobierno paquistaní negó tener conocimiento de los ataques, pero por supuesto que estaban enterados. Exigimos que Pakistán cerrara todos sus campamentos rebeldes en Jammu y Cachemira, y que cediera a India una franja fronteriza de 31 millas [50 kilómetros] de ancho para evitar la infiltración de nuevos insurgentes. Cuando los paquistaníes se negaron, cerramos las válvulas de todas nuestras represas río arriba de su frontera, para cortar sus suministros de agua en el Punjab.

Los militares sabíamos que la guerra, incluso tal vez nuclear, era inevitable. Comenzamos a ensamblar nuestras armas nucleares y a cargarlas en nuestros misiles; sabíamos que los paquistaníes estaban haciendo lo mismo. Un equipo de comando indio cruzó la línea de control en Mendhar y se apoderó de la presa de Mangla, en el río Jhelum, justo dentro del territorio paquistaní, la misma presa que habíamos atacado en 1971.

Los paquistaníes advirtieron que, a menos que las tropas indias se retiraran de inmediato y dejaran intacta la presa de Mangla, actuarían y pondrían todas sus cartas sobre la mesa. Y si teníamos algún problema para entender lo que querían decir, el presidente de Pakistán, en un lenguaje inusualmente franco, recordó a la India y al mundo entero que su país nunca había renunciado al uso de armas nucleares en la guerra, ni descartado un primer ataque.

El 14 de abril de 2050, Pakistán detonó una bomba de fisión táctica que aniquiló por completo a un batallón indio estacionado cerca de la presa de Mangla, mi batallón. Yo me había alejado para reunirme con nuestros generales, y apenas iba de regreso con mis hombres. De lo contrario, habría perecido con ellos. Para mí, eso lo convirtió en algo personal. El arma se disparó para explotar en el aire, lo que significaba que, aunque todos los que estaban debajo murieron al instante, no hubo ninguna de las consecuencias que habría causado una explosión terrestre. Quizá fue una señal de moderación paquistaní que hayan usado sólo un arma táctica de cinco kilotones y la hayan disparado en el aire. Si es así, la estrategia fracasó en producir una restricción similar de nuestro lado.

Nuestra respuesta fue lanzar una bomba de plutonio de doscientos kilotones en Lahore, que se encendió al impactar. Destruyó la ciudad y provocó un estimado de un millón de muertes. Seguimos con una demanda de que Pakistán dejara de usar armas nucleares y entrara en negociaciones de paz. Pero tenemos un dicho en hindi: "*Bhains ke aage been bajana*": es un desperdicio tocar la flauta para un búfalo. Lamentablemente, la enemistad de cien años entre nuestros países llevó a los líderes paquistaníes a rechazar la propuesta de la India. En el momento en que anunciaron que rechazarían nuestra oferta, ya estaban en el aire dos docenas de misiles paquistaníes ensamblados, con dispositivos de plutonio de hasta trescientos kilotones. Docenas de múltiples vehículos de reentrada con objetivos independientes (MIRV, por sus siglas en inglés) atacaron Bangalore, Calcuta y Nueva Delhi, y destruyeron por completo las tres ciudades. El ataque arrasó la sede del gobierno indio y todo lo que había en varias millas a la redonda, pero, por supuesto, habíamos trasladado en secreto a nuestros líderes gubernamentales y militares aquí, a Hyderabad. Los paquistaníes no se molestaron en bombardear Mumbai, nuestra ciudad más grande, porque el aumento del nivel del mar y las lluvias monzónicas ya habían inundado la mitad, matando a decenas de miles y dejando a cientos de miles, tal vez millones, sin hogar. Las estaciones de tren, la bolsa de valores y los edificios públicos más importantes de Mumbai ya estaban en ruinas. Supongo que nuestros enemigos decidieron no desperdiciar una bomba en una ciudad que ya estaba condenada.

Nuestros sistemas de alerta temprana habían estado en alarma máxima durante semanas y no tuvieron problemas para detectar la firma de calor de los misiles paquistaníes a los pocos segundos de su lanzamiento. Antes de que aterrizara uno solo, los nuestros ya estaban en camino. Los paquistaníes se habían jactado de que Estados Unidos les había proporcionado un sistema de defensa antimisiles infalible, pero nuestra inteligencia había revelado que ni Estados Unidos ni Pakistán poseían un sistema que funcionara, si es que alguno de los dos había funcionado alguna vez, lo cual dudamos. Teníamos más ojivas más grandes y misiles más precisos para lanzar. India podría haber terminado con toda la vida en Pakistán si hubiera querido, y todavía tendría suficiente de su propia población viva para continuar. Lo sabíamos nosotros y ellos también.

Después de que nuestras ojivas destruyeron Islamabad y Karachi, nuestros líderes detuvieron el ataque pero anunciaron la lista de los objetivos restantes. Incluía todas las ciudades de Pakistán, todas sus presas, sus instalaciones militares, sus laboratorios de armas nucleares y cosas por el estilo. Les recordamos a nuestros enemigos un dicho hindú: "Muchos perros matan una liebre, no importa cuántas vueltas dé". Nuestro primer ministro anunció a la prensa que, si era necesario, estábamos preparados para llevar a Pakistán de regreso a la Edad de Piedra. Un elemento de la lista de objetivos fue particularmente influyente: el sitio del búnker secreto en la montaña, adonde se había retirado el gobierno paquistaní, pero que nuestros espías habían localizado. Anunciamos que habíamos reservado la bomba de hidrógeno más grande jamás explotada —un verdadero penetrador rompe búnkeres— para ese sitio, y que estaba lista y encima de un misil cargado, con nuestro dedo en el botón. Les dimos veinticuatro horas para responder.

Ambos países habían realizado innumerables simulaciones de guerra nuclear. Demostraron que continuarla destruiría a los dos y no dejaría ningún ganador. Para entonces, con decenas de millones asesinados en unas pocas horas, cualquier deseo de venganza que hubiera sentido cada lado ya se había saciado. En realidad, nos encontrábamos frente al abismo. Nuestro presidente citó el *Bhagavad Gita*: "Si el resplandor de mil soles estallara al mismo tiempo en el cielo, sería como el esplendor del Poderoso. Ahora me he convertido en la Muerte, el destructor de mundos". Nos dijo que no quería ser él quien cumpliera esa profecía.

Una facción del gobierno paquistaní, apoyada por el ejército, lanzó un golpe de Estado que derrocó a sus líderes y estableció un nuevo grupo en el poder, líderes que estaban dispuestos a dar un paso atrás del precipicio. Ambas partes habían establecido una línea directa de teléfono satelital directamente en los búnkeres de la otra. A las pocas horas de la destrucción de Islamabad y Karachi, los líderes de los dos países habían negociado un alto el fuego.

Un resultado de nuestra cuarta victoria sobre Pakistán fue que India adquirió la soberanía sobre Jammu y Cachemira, y sobre la mitad sur del Punjab. Pero sin el agua necesaria para su sostenimiento, estas provincias han demostrado ser más una carga que una bendición. Por lo tanto, la guerra logró poco más que la muerte de un gran número de indios y paquistaníes. A estas alturas, con el Punjab demasiado caluroso y seco para el trigo, y con Pakistán habiendo perdido tres ciudades importantes, es difícil ver un futuro para ese país, que nació en la guerra y tal vez haya muerto en la guerra.

¿Cuántas personas considera usted que murieron en la guerra?

Podemos estimar con bastante precisión cuántos murieron en las ciudades de la India y de Pakistán como resultado directo de las explosiones terrestres. Sabemos cuántos sucumbieron al envenenamiento por radiación en las primeras semanas que siguieron a la guerra. Ahora, treinta y cuatro años después, podemos estimar cuántos murieron finalmente de cáncer y otras enfermedades que podríamos atribuir razonablemente a la radiación generalizada que cayó sobre ambos países. La estimación más plausible que he visto es que la cuarta guerra indo-pakistaní costó ciento cincuenta millones de vidas.

Oh, Canadá

El Honorable Neale Fraser fue el primer gobernador del estado estadunidense de Manitoba. Hablé con él desde su residencia en la capital del estado, Winnipeg.

Muchos de mis compatriotas canadienses me consideran un colaboracionista… un colaborador en el mejor de los casos, un traidor en el peor. Se trata de un juicio ligero, porque ellos no tuvieron la misma responsabilidad que yo. Canadá había perdido la guerra, una mayor resistencia no nos llevaría a ninguna parte, o algo peor, y como primer ministro de Manitoba, mi trabajo consistía en sacar lo mejor de una mala situación en nombre de la provincia y de Canadá. Además, estaba bajo las órdenes de Ottawa y del primer ministro Pierre Campbell. Si me hubiera negado a asumir el cargo de gobernador del estado estadunidense de Manitoba, me habrían liberado al instante y se le habría entregado el puesto a alguien menos comprometido que yo. Entonces, creo que la historia me ha reivindicado y restaurado mi reputación. Al menos mi conciencia está tranquila.

Por supuesto, lamento la pérdida de la nación soberana de Canadá tanto como cualquiera. Pero aquí, en Manitoba, seguimos estando mucho mejor que 99 por ciento de la gente del mundo. Tenemos un clima favorable, suficiente para comer, y somos tan autosuficientes como podría serlo cualquier persona, creciendo y haciendo cuanto necesitamos aquí mismo. Vivimos como lo hicieron nuestros antepasados a principios del siglo XIX, y les fue bien. Además, y no se puede sobrestimar la importancia de esto, estar ubicado en el centro de un continente, sin las hordas de refugiados climáticos que se concentran en su frontera, al menos durante las primeras décadas del siglo, no es sólo una ventaja sino que es clave para la supervivencia de una nación. Pero, por supuesto, teníamos vecinos al otro lado de la frontera, y de eso pende nuestra historia.

No debería haber sido una sorpresa para nadie a ambos lados de la frontera que si el calentamiento global empeoraba lo suficiente, Estados Unidos invadiría Canadá. A medida que hacía más calor en el nivel inferior de sus estados estadunidenses, hubo un éxodo de lugares como Houston y Phoenix, y muchas de esas personas se mudaron a los estados justo debajo de nuestra frontera. Desde allí podían mirar hacia el norte y observar nuestros espacios abiertos, un clima más fresco y campos de grano color ámbar.

Las temperaturas en la parte media de Estados Unidos no sólo se volvían incómodas para la gente, sino cada vez más desfavorables para el trigo. Los agrónomos habían proyectado que un aumento de temperatura de 2 °F [1.1 °C] haría que los rendimientos del trigo disminuyeran entre 5 y 15 por ciento, y el aumento total de la temperatura ahora ha sido tres veces mayor. Ya en la década de 2040, el trigo rojo de invierno del que dependían Texas y Oklahoma había dejado de cultivarse allí. Todavía era posible cultivar trigo rojo de invierno en Colorado y Kansas, pero no se obtenían ganancias. El trigo rojo de primavera que alguna vez había florecido en los estados del norte como Montana, las Dakotas y Minnesota, tampoco se podía cultivar allí: el clima que favorecía ese tipo de trigo había migrado aquí. Los agricultores estadunidenses sabían que sólo haría más calor, lo que haría más difícil y a la larga imposible cultivar el tipo de trigo que siempre habían cultivado. Cualquier agricultor de trigo estadunidense que hubiera prestado atención se habría dado cuenta de que sus hijos, si se les podía convencer de que siguieran en la agricultura, tendrían que cultivar un tipo diferente de trigo o renunciar. Durante la segunda mitad del siglo XXI, el cultivo de trigo de América del Norte tendría un lugar en Canadá, no en Estados Unidos. Y en algún momento, la gente de todo el mundo comenzó a ser consciente de que el calentamiento global no se detendría pronto, de manera que si las cosas estaban mal hoy, mañana estarían peor. En otras palabras, incluso si sus hijos estadunidenses pudieran todavía cultivar trigo, lo más probable es que no fueran capaces de hacerlo.

A medida que aumentaron las temperaturas y fallaron las cosechas, más y más estadunidenses quisieron migrar aquí. En la década de 2030, cuando comenzó a aumentar la presión por la migración, cerramos la frontera y pusimos fin a la migración legal a Canadá, como ustedes lo habían hecho con sus vecinos del sur.

Pero no pudimos acabar con la migración ilegal. La frontera entre Estados Unidos y Canadá era la frontera internacional indefensa más larga del mundo: 3,145 millas [5,060 kilómetros] en tierra y 2,380 millas [3,830 kilómetros] en agua. No había forma de evitar que miles de estadunidenses cruzaran ilegalmente a Canadá cada año, al igual que miles de mexicanos habían cruzado alguna vez su frontera sur.

Después de que los pájaros del sol, como los llamábamos, cruzaron la frontera no tuvieron problemas para encontrar campamentos de compatriotas estadunidenses que los acogieran. Estos campamentos pronto se convirtieron en polvorines de sentimientos anticanadienses, y muchos de ellos estaban bien armados. Los estadunidenses tenían la tasa más alta de posesión de armas de cualquier país y sus armas migraron con ustedes. Y nosotros estábamos a punto de descubrir lo bien armados que estaban.

Morris, Manitoba, era una pequeña ciudad agrícola y ganadera de dos mil habitantes a 45 millas [72 kilómetros] al norte de la frontera, en el valle del río Rojo. Sucede que ha sido mi ciudad natal. El espeso sustrato negro hecho para algunos de los mejores suelos agrícolas del mundo. Diez millas [16 kilómetros] al oeste de Morris había un escuálido enclave norteamericano al que sus expatriados apodaban Freedom Town, Pueblo de la Libertad. En ese momento, los habitantes de Manitoba estábamos en mejor situación que la mayoría debido a los florecientes cultivos de trigo que sustentaban nuestra economía. Pero los estadunidenses de Freedom Town estaban desnutridos y algunos, al borde de la inanición. Para empeorar las cosas, seguían llegando más estadunidenses al campo.

El líder de Freedom Town era un agitador que no dejaba de instigar a su gente, señalando que no era correcto que los estadunidenses se enfrentaran a la desnutrición, si no es que a morir de hambre, mientras que a unas cuantas millas de la carretera los canadienses disfrutaban de la generosidad que el calentamiento global les había negado a los estadunidenses.

El 30 de abril de 2046 una banda de estadunidenses bien armados y bastante ebrios provenientes de Freedom Town entró en Morris y se apoderó de su estación de policía, oficinas municipales y plantas de energía y agua. Los estadunidenses arrestaron y encarcelaron a las autoridades civiles en la pequeña ciudad. Allanaron el supermercado y la licorería de Morris y se atendieron solos. Una vez que los estadunidenses tuvieron el control de Morris, Freedom Town se vació y sus residentes se establecieron rápidamente allí.

Nuestro gobierno había estado esperando un incidente que sacaría a la luz el conflicto entre canadienses e inmigrantes estadunidenses ilegales. Enviamos un cuerpo de la Real Policía Montada de Canadá a Morris y se produjo una batalla con pérdidas significativas en ambos lados. Nuestros policías montados no se habían dado cuenta de lo bien armados que estaban los estadunidenses, ni de lo bien que iban a luchar. Muchos de ellos eran veteranos de las diversas guerras de Medio Oriente en las que Estados Unidos se había involucrado a principios de siglo. Ahora tenían cincuenta o sesenta años, pero no habían olvidado cómo pelear.

Al final, sin embargo, los luchadores de Freedom Town no fueron rival para nuestra Policía Montada. A medida que los estadunidenses eran cercados, la Batalla de Morris comenzó a convertirse en el tipo de última resistencia que ustedes, los estadunidenses, habían dado en El Álamo. Excepto que esta vez los estadunidenses asediados y rodeados pudieron solicitar refuerzos de las tropas estadunidenses estacionadas en su lado de la frontera, a la espera de que tal incidente les diera la excusa para cruzar a la fuerza.

Estados Unidos envió una brigada blindada que cruzó la frontera y subió por la autopista 75 hacia Morris. Su blindaje tardó sólo dos horas en recorrer las 45 millas [72 kilómetros] y comenzar a derrotar a nuestros policías montados, que no estaban preparados para enfrentarse a los tanques. Cuando el humo se disipó, treinta y cinco estadunidenses de Freedom Town y cinco soldados habían perdido la vida, pero doscientos policías montados y seis civiles canadienses habían muerto.

La noticia de la incursión estadunidense se difundió rápidamente. Los canadienses exigieron que su gobierno tomara represalias y, el 5 de mayo de 2046, Canadá declaró la guerra a Estados Unidos. Por supuesto, nuestro gobierno sabía que se trataba de un esfuerzo inútil, ya que su país nos superaba enormemente en número y tenía un ejército mucho más fuerte. Pero el honor exigía que lucháramos. Y nuestros funcionarios creían que si lo hacíamos, podríamos negociar mejores términos que si nos rendíamos sin luchar. Parece que a nuestros líderes nunca se les ocurrió que presidirían la pérdida de la soberanía canadiense.

Los cazabombarderos canadienses de 17 Wing Winnipeg dejaron su base en el aeródromo y se dirigieron, en su mayoría, a los campamentos que el ejército de Estados Unidos había establecido cerca de Morris. Pero algunos aviones canadienses cruzaron la frontera y bombardearon las bases de Dakota del Norte, de donde procedía la columna blindada. En cuanto las primeras bombas cayeron en suelo estadunidense, Estados Unidos declaró la guerra a Canadá. Un escuadrón de sus cazas Aurora ultra supersónicos despegó de su base en Minot, Dakota del Norte, y destruyó rápidamente a los aviones canadienses que encontró en el aire, luego voló para destruir nuestras aeronaves restantes en tierra, en Winnipeg. En medio día, Estados Unidos ya dominaba los cielos del centro de Canadá. Pero ése era sólo el inicio.

Más tarde supimos que Estados Unidos había preparado varios planes de guerra diferentes para la conquista de Canadá, uno de los cuales comenzaba con el tipo de misión de rescate transfronterizo que tuvo lugar en Morris. No hay duda de que, si tal incidente no hubiera ocurrido solo, tarde o temprano Estados Unidos lo habría provocado.

Uno de los principales objetivos del Plan de Guerra Maple era que la victoria sobre Canadá fuera lo más limpia y libre de sangre posible. Estados Unidos no tenía la intención de derrotar al ejército canadiense y luego retirarse de nuestro territorio, como habían hecho los vencedores de las guerras mundiales del siglo pasado. Su objetivo era más bien incorporar Canadá a Estados Unidos, convertir nuestras provincias en estados en su Unión y dar más espacio a su gente, que cada vez estaba más desesperada. Cuanta más sangre canadiense se derramara, más duro sería y más persistiría el estado de enemistad.

Los canadienses no podíamos creer lo rápido que se movían los estadunidenses. En cuestión de horas, escuadrones de la 101ª División Aerotransportada se lanzaron en paracaídas sobre el aeródromo de Winnipeg y sobre el enorme centro ferroviario allí, tras lo que se aseguraron ambos con poca oposición. Teníamos la ilusión de que nuestra larga frontera y nuestro vasto espacio obstaculizarían sus fuerzas y nos darían tiempo para organizar una resistencia. Sin duda, los rusos habían pensado lo mismo antes de que Hitler lanzara Barbarroja.

Canadá era vasto, eso es verdad, pero la mayor parte de nuestro transporte, bases militares, fábricas y población se encontraba dentro de un radio de sólo 100 millas [160 kilómetros] cercanos a la frontera. Por ejemplo, todo el tráfico ferroviario de este a oeste en Canadá tenía que pasar por el gran ferrocarril de Winnipeg. Una vez que éste cayó en sus manos, ya no nos fue posible enviar tropas o material de una parte de Canadá a la otra. No se necesitaba conquistar y mantener todo Canadá, con sólo algunos puntos estratégicos era suficiente.

Para hacerlo más fácil para Estados Unidos, nuestros principales puertos marítimos estaban ubicados a lo largo del río San Lorenzo o dentro del estrecho de Juan de Fuca; este último brindaba acceso a los grandes puertos de Victoria y Vancouver. Una vez que los buques de guerra de su país bloquearon las entradas al San Lorenzo y al estrecho de Juan de Fuca, Canadá ya no pudo abastecerse por mar. Con el cierre del tráfico ferroviario transcontinental, sin acceso al mar, con nuestros aeropuertos bajo el control de Estados Unidos, Canadá no sólo estaba aislado desde el exterior, sino que estaba prácticamente inmovilizado por dentro. Y entonces, ustedes tan sólo esperaron a que nuestro gobierno capitulara.

Los canadienses siempre hemos sido un pueblo pacífico, no agresivo con nuestros vecinos: ¡Estados Unidos era nuestro único vecino! Habíamos servido en las grandes guerras mundiales y otros conflictos cuando nos llamaban, y dábamos lo mejor de nosotros, pero, a medida que avanzaba el siglo XXI, sin enemigos a la vista, habíamos convertido nuestras espadas en rejas de arado, por citar el libro de Isaías. No teníamos suficientes aviones de combate modernos, y los que teníamos se los habíamos comprado a ustedes, por lo que conocían sus fortalezas y debilidades mejor que nosotros. La mayoría de nuestros aviones eran para transporte, búsqueda y rescate, o asuntos similares. En algún tiempo hubiéramos podido montar una lucha creíble contra sus fuerzas, aunque hubiéramos perdido al final, pero en la década de 2040 éramos un ratón para su elefante. Nuestra única opción era intentar conseguir la mejor oferta para Canadá.

Con todo esto en mente, una delegación de Ottawa, encabezada por el primer ministro Campbell, voló a Washington, D. C., a fin de discutir los términos de paz. Pedimos que las fuerzas estadunidenses se retiraran de Canadá y, a su vez, ofrecimos otorgar la ciudadanía conjunta a todos los estadunidenses que la solicitaran, tanto si tenían habilidades particulares como si no. Las corporaciones estadunidenses se constituirían en Canadá tal como lo están en su país. Fueron concesiones extraordinarias, una señal de la disparidad en el poder de nuestros dos países. Nunca imaginamos que Estados Unidos no aceptaría términos que estaban tan a su favor. Pero su país tenía otro plan en mente y nos rechazaron, a pesar de que dijimos que eso significaría más conflictos armados. Permitieron que nuestra delegación regresara a Ottawa. Y entonces comenzó la etapa final de la guerra.

Nuestras tres ciudades orientales más importantes son Montreal, Toronto y nuestra capital, Ottawa, cada una a menos de dos horas en automóvil de la frontera con Estados Unidos. El Plan de Guerra Maple presentó la rápida toma de control estadunidense de cada una de ellas, y su país siguió ese plan al pie de la letra. Los Aurora de su estación de reserva aérea de las Cataratas del Niágara tardaron menos de treinta minutos en llegar y destruir nuestros 8 Wing en Trenton, entre Toronto y Montreal. No teníamos ni un solo caza en condiciones de volar en Trenton. Los paracaidistas estadunidenses cerraron la autopista 401 entre esas dos ciudades, y la autopista 417 entre Montreal y Ottawa, de manera que no pudiéramos transferir tropas o suministros entre esas ciudades.

Columnas de tanques blindados rodaron alrededor del extremo occidental del lago Ontario y entraron en Toronto, donde encontraron apenas una ligera resistencia de nuestras debilitadas fuerzas. Elementos de su Primera División Blindada entraron rugiendo en Montreal, y la aseguraron también rápidamente. Otra fuerza estadunidense avanzó por la carretera 416 y entró en Ottawa, donde encontró una dura resistencia, ya que nuestro gobierno había decidido que estábamos obligados por el honor a no entregar nuestra capital sin luchar.

La batalla de Ottawa duró once días. Aunque sabíamos que no podríamos ganar contra el poder estadunidense, nuestros soldados optaron por lanzarse a la batalla. No sólo lucharon hasta el final, sino que además los civiles se levantaron en el tipo de guerra de guerrillas insurgentes que ustedes ya habían experimentado a principios de siglo en Irán, Irak, Afganistán, Libia y Venezuela. Las pérdidas en ambos lados fueron grandes, pero como ustedes podían traer refuerzos ilimitados y nosotros no, el resultado era una conclusión inevitable.

Una vez que Estados Unidos sofocó la insurrección, presentó sus términos. Mantendría bases militares en varios puntos de su elección en Canadá por un futuro indefinido. En cuanto ambas partes firmaran el tratado de paz, varias tropas estadunidenses se retirarían a esas bases, pero la mayoría serían enviadas a casa. El bloqueo marítimo y el cierre ferroviario terminarían al mismo tiempo. Estados Unidos otorgaría la ciudadanía estadunidense a todos los canadienses y nosotros haríamos lo mismo por sus ciudadanos. Se eliminarían todas las restricciones de inmigración ya que todos tendrían doble ciudadanía. La frontera estaría abierta en ambas direcciones, al igual que las fronteras entre dos de nuestras provincias o dos de sus estados. Los canadienses podrían mudarse a Estados Unidos; los estadunidenses podrían mudarse a Canadá. Luego, vino un giro inesperado.

En un periodo de doce meses, cada provincia canadiense llevaría a cabo un plebiscito para determinar si deseaba convertirse en un estado estadunidense. En el primer plebiscito, todas las provincias canadienses excepto las Marítimas —Nuevo Brunswick, Nueva Escocia e Isla del Príncipe Eduardo— eligieron unirse a Estados Unidos. Un año después, las provincias marítimas celebraron un segundo plebiscito; esta vez votaron abrumadoramente para unirse a Estados Unidos. Por lo tanto, para 2050 Canadá había dejado de existir como nación, y cada una de sus provincias ahora es parte de Estados Unidos de América.

Como es natural, los resentimientos entre los canadienses duraron años; incluso hoy, algunos veteranos están amargados. Es difícil olvidar las imágenes de nuestros CC-277 Globemasters, que habían volado en tantas misiones pacíficas alrededor del mundo con la hoja de maple roja estampada en sus fuselajes, ardiendo en llamas en la base de las fuerzas canadienses de Trenton. Pero las personas nacidas después de mediados de siglo nunca han conocido nada más que la ciudadanía estadunidense y están orgullosas de ello.

Gobernador Fraser, antes de cerrar, en mi investigación he aprendido que allá por las décadas de 2010 y 2020, los expertos intentaban elegir qué países serían los supuestos ganadores en el calentamiento global y cuáles los supuestos perdedores. ¿Cómo evaluaría ese pensamiento considerando a Canadá? ¿Canadá es un ganador o un perdedor?

Bueno, como bien dicen, es complicado. Perdimos nuestra soberanía, pero ganamos una buena vida como parte de Estados Unidos. Estoy seguro de que algunos canadienses de mi edad dirían que fue una pérdida enorme, mientras que los jóvenes dirían que fue una victoria para Canadá. Pero la temperatura sigue aumentando y algunos agricultores a lo largo de la antigua frontera descubren que ya no pueden ganarse la vida cultivando trigo rojo de invierno; la zona favorable para eso se ha movido cientos de millas al norte, y ahora sabemos que seguirá avanzando todavía más hacia el norte. Así que ahora son los nietos de los excanadienses, los nuevos estadunidenses, quienes en poco tiempo ya no cultivarán trigo.

Pero todo el concepto de ganadores y perdedores carece ahora de sentido. Me ha hablado de algunas de sus otras entrevistas y de la destrucción que está causando el calentamiento global en todo el mundo. Canadá y algunos de los países escandinavos todavía podrían afirmar que son ganadores, pero qué tonto y miope sería, cuando de lo único que podemos estar seguros es de que el próximo año, o el siguiente, será más caluroso que éste, y así sucesivamente en el futuro. La lección de Canadá, o de la pequeña

Islandia, ahora una provincia china, es que cualquier país que parezca estar ganando simplemente se convierte en el objetivo de un perdedor más grande y poderoso, hasta que todos los países pierdan. Aquí no habrá ganadores.

El Nilo Azul se tiñe de rojo

El padre Haile Moges es sacerdote de la iglesia de Narga Selassie en la isla de Dek, en el lago Tana, fuente del Nilo Azul en Etiopía. En reconocimiento del entorno pacífico del sitio, el nombre de la iglesia se traduce como "Trinidad del Resto". Entrevisté al padre Moges a través de un videoteléfono satelital alimentado por un generador que fue llevado a la isla por colegas desde Addis Abeba. El padre Moges es quien nos habla de los acontecimientos críticos de Etiopía, porque es un experto en el pasado del país.

Padre, a pesar de la larga y orgullosa historia de Etiopía, el resto del mundo ha olvidado en gran medida a su país.

Gracias por encontrarme en una isla en medio de un lago casi desconocido, en un país que el mundo ha olvidado. Ya no tengo contacto con el mundo exterior y, por lo tanto, me alegra hablar contigo.

Etiopía es uno de los países más antiguos del mundo. Remontamos nuestra historia al reinado del emperador Menelik I, alrededor del año 1000 a. C. Herodoto dijo: "Egipto es un regalo del Nilo". Sin embargo, los etíopes sentimos que, dado que casi toda el agua del Nilo sale de nuestra tierra, sería mejor decir: "Egipto es un regalo de Etiopía". Sin nuestro Nilo, sólo los nómadas podrían habitar las arenas ardientes de Egipto.

El Nilo Azul nace aquí, en el lago Tana, y fluye a través de Etiopía para encontrarse con el Nilo Blanco en Jartum, en Sudán. El Nilo tiene más de 4,100 millas [6,600 kilómetros] de largo, así que se trata del río más largo del mundo. Pasa por once países africanos diferentes. Sin embargo, el país del final terminó quedándose con toda el agua. Por lo general, son los que están aguas arriba quienes obtienen el derecho al agua y deciden cuánto dejar fluir aguas abajo. ¿Cómo llegó a revertirse en Etiopía? Pregúntales a los británicos.

En 1902, Gran Bretaña había obligado a Etiopía, entonces un reino independiente, a aceptar un tratado sobre el agua que decía... tengo el texto aquí en alguna parte, ah: "Su Majestad el Emperador Menelik II, Rey de Reyes de Etiopía, se compromete con el gobierno de Su Majestad Británica a no construir, ni permitir que se construya, ninguna obra a través del Nilo Azul, el lago Tana o el Sobat, que detenga el flujo de sus aguas hacia el Nilo, salvo por acuerdo con el gobierno de Su Majestad Británica y el gobierno de Sudán". Ése era el lenguaje del poder imperial.

Luego, en 1922, después de la Primera Guerra Mundial, Gran Bretaña otorgó la independencia a Egipto. Cuando los países del Nilo se reunieron en 1929 para dividir las aguas del río, Gran Bretaña hizo sus jugadas favoritas y ordenó a sus colonias —Sudán, Uganda, Kenia y Tanzania— que cedieran todos sus derechos de agua a Egipto. Ese acuerdo duró hasta 1959, cuando los países del Nilo lo enmendaron para dar a Sudán alrededor de 24 por ciento del agua, pero no hubo más para Etiopía. El pacto reiteró el de 1902, diciendo que los países del río arriba no podían construir represas, obras de riego o centrales hidroeléctricas sin la aprobación de Egipto. Egipto tenía poder de veto sobre nuestro destino y nuestro futuro. ¿Cómo algo así es justo?

En 1959, Estados Unidos y la Unión Soviética estaban utilizando a los países africanos pobres como peones en su Guerra Fría. Durante la crisis de Suez, la URSS acordó ayudar a Egipto a construir la enorme presa de Nasser en Asuán. Estados Unidos tomó represalias enviando expertos de su Oficina de Reclamación para ayudar a Etiopía a localizar sitios para nuestras propias represas hidroeléctricas. Identificaron varios buenos lugares en el Nilo Azul dentro de nuestro país. Si construíamos esas presas, podíamos cortar el flujo del Nilo a Sudán y Egipto simplemente cerrando las válvulas. Esa amenaza llevó al presidente egipcio Anwar Sadat a emitir una advertencia en 1979: "No vamos a esperar a morir de sed en Egipto. Iremos a Etiopía y moriremos allí". Sadat buscaba una distensión con Israel y había prometido desviar el Nilo hacia el desierto del Sinaí para beneficiar al Estado judío. En respuesta, Etiopía, liderada por el malvado tirano Mengistu —que seguramente está ardiendo en el infierno— amenazó con bloquear el Nilo Azul. Fue una época peligrosa.

Por supuesto, el problema fundamental de África siempre ha sido su gran población. Incluso sin el calentamiento global, la presencia de tanta gente podría haber sellado nuestra perdición con el tiempo. En 2000, la población de los cuatro países del bajo Nilo —Egipto, Sudán, Etiopía y Uganda— había aumentado a ciento ochenta y ocho millones de personas. El Nilo ya estaba en problemas debido al aumento de la población, pero también por la contaminación y los primeros efectos del calentamiento global. Tan sólo la población de Egipto aumentaba en un millón de personas cada seis meses. Para 2040, la cantidad de personas en los cuatro países se había más que duplicado. Pero para todas esas personas adicionales no había más comida y, debido al calentamiento global, menos agua. Cada uno tenía que arreglárselas con menos comida y agua que sus predecesores, e incluso eso no había sido suficiente.

Habíamos construido presas en algunos de los sitios que sus ingenieros habían recomendado en la década de 1960. Los países de la Iniciativa de la Cuenca del Nilo, con la abstención de Egipto, acordaron que Etiopía podría construir esas presas. Río abajo del lago Tana, a sólo 9 millas [15 kilómetros] sobre la frontera sudanesa, donde el Nilo es un río mucho más grande, se encuentra otro sitio que cobraría importancia en este siglo: debía haber sido nombrada la Presa del Milenio, pero le cambiamos el nombre a la Gran Presa del Renacimiento Etíope. Ese nombre te dice lo que significó la presa para Etiopía. Abastecería a un millón de hogares y aún le quedaba energía para venderles a otras naciones africanas. Como usted dice, finalmente pondría a Etiopía en el mapa.

Inspeccionamos el sitio y teníamos listo el diseño de la presa en 2010, pero mantuvimos nuestros planes en secreto hasta un mes antes de colocar la primera piedra. Puedes imaginar la reacción de los egipcios. Verás, cuando construyes una nueva presa, no creas más agua; sólo Dios puede hacer eso. Para llenar el nuevo depósito, debes retener el agua que antes fluía río abajo. Eso significaba que Egipto recibiría incluso menos del ya agotado flujo del río, la sangre de su vida. Esto llevó al líder de Egipto a recordarles a las Naciones Unidas en 2019 que: "El Nilo es una cuestión de vida, una cuestión de existencia para Egipto". Ésas son palabras que las naciones usan cuando quieren preparar a sus compatriotas para la guerra.

Como siempre con los grandes proyectos, la presa costó más dinero y tomó más tiempo de lo proyectado, pero finalmente la abrimos y tuvimos una gran celebración. Habíamos prometido llenar el depósito lo más lentamente posible, cortando el flujo a Egipto no más de lo necesario, después de lo cual nos aseguraríamos de que obtuviera su acuerdo. Y por un tiempo así fue. Pero para la década de 2040, el calentamiento global había ralentizado el flujo del Nilo lo suficiente como para que si le dábamos a Egipto su parte completa, el nivel del embalse y la cantidad de agua que pasaba por nuestras turbinas eléctricas bajaran y redujeran nuestra producción y venta de electricidad. Incluso podríamos prever un momento en el que el depósito dejaría de generar electricidad. Así que empezamos a retener algo de agua, luego cada vez más, en violación del acuerdo. Egipto emitió un ultimátum: a menos que las puertas de todas las presas del Nilo Azul y Blanco sobre Sudán se abrieran como se especificaba en el acuerdo, lo consideraría un acto de guerra y tomaría las medidas adecuadas. Cada uno de los países del Nilo comenzó a movilizar tropas y a realizar ejercicios militares.

Sin el conocimiento de los nueve países río arriba, los dos más lejanos río abajo, Egipto y Sudán, habían acordado en secreto ayudarse mutuamente en caso de una guerra por el Nilo. Los dos países trasladaron tropas a la frontera sudanesa, donde se enfrentaron a soldados etíopes a través de una tierra de nadie. Uganda colocó sus tropas bajo el mando de Etiopía para ayudar a resistir ante la inminente invasión de Egipto y Sudán.

En la noche del 15 de mayo de 2040 los comandos egipcios cruzaron la frontera entre Sudán y Etiopía y volaron la Gran Presa del Renacimiento de Etiopía, liberando una enorme oleada de agua corriente abajo, la mayor parte de la cual se derramó en el Mediterráneo. Etiopía y los demás países del Nilo declararon rápidamente la guerra tanto a Egipto como a Sudán. Los etíopes estábamos seguros de que podríamos ganar porque durante un siglo habíamos estado luchando casi continuamente entre nosotros, con italianos, somalíes, eritreos y con quien se nos pusiera enfrente. Básicamente, nos habíamos convertido en un Estado guerrero. Creíamos que los egipcios y los sudaneses eran blandos y no podrían competir con nosotros. Esa creencia no duró mucho.

Países como Irán, Corea del Norte y Pakistán, a pesar de que habían profesado su compromiso de abolir las armas nucleares, en realidad las habían estado construyendo tan rápido como podían y vendiéndolas en el mercado negro a cualquier país o grupo que pudiera pagarlas. Los norcoreanos diseñaban las armas de acuerdo con las especificaciones del cliente: uranio o plutonio; táctica o estratégica; tantos o cuantos kilotones; por chorro de aire o por impacto, lo que fuera que deseara el cliente. Egipto había comprado varias bombas atómicas a los norcoreanos y, a medida que la situación se volvía más tensa, anunció que tenía suficientes armas atómicas en los bombarderos de combustible, listas para destruir todas las capitales de África oriental. Egipto exigió que Etiopía y

Uganda se rindieran, o de lo contrario destruiría esas capitales una por una, comenzando por Addis Abeba y Kampala.

Si recuerdas tu historia, sabrás que cerca del final de la guerra con Japón en el siglo XX, muchos creían que Estados Unidos, en lugar de bombardear Japón, debería haber lanzado una bomba atómica de demostración para revelar el terrible poder de su nueva arma. Pero no lo hicieron, y en su lugar destruyeron Hiroshima y Nagasaki.

Cuando nuestros líderes se burlaron de la amenaza, los egipcios llevaron a cabo su propia manifestación arrojando una bomba táctica de un kilotón en la isla eritrea de Dahlak Kebir en el Mar Rojo, que una vez nos había pertenecido. El estallido de aire arrasó la isla y sus tres mil habitantes, que incluían a muchos etíopes, pero produjo pocas consecuencias. Estuvimos fanfarroneando durante dos días, pero no teníamos armas atómicas y nuestra inteligencia nos dijo que los egipcios se estaban preparando para usar más de las suyas. Uganda y nosotros nos rendimos a los egipcios y sudaneses, cuyas tropas ocuparon rápidamente ambos países y cuyos ingenieros tomaron el control de nuestras represas y centrales eléctricas.

En tiempos mejores, incluso la amenaza de la guerra nuclear más limitada habría provocado la condena internacional y habría movilizado un esfuerzo total entre las naciones para encontrar una solución pacífica. Pero para entonces, las Naciones Unidas y su Organismo Internacional de Energía Atómica habían dejado de existir. Ya no existía ninguna fuerza internacional de mantenimiento de la paz. Estados Unidos no podía permitirse actuar como policía mundial. Ninguna nación por sí sola tenía los medios y la voluntad de acudir en ayuda de un país pobre del Cuerno de África. En cualquier caso, una guerra que involucrara algunas armas nucleares tácticas en nuestra remota región no produciría una peligrosa secuela global. Entonces, el resto del mundo miró hacia otro lado y dejó que África Oriental sola se encargara de limpiar su propio desastre. La Guerra del Nilo reveló el verdadero costo del colapso del orden mundial en el siglo XXI. Las naciones rebeldes aprendieron que no había nadie que les impidiera hacer lo que quisieran.

Temíamos que los egipcios colonizaran Etiopía, pero retiraron la mayoría de sus tropas, dejando sólo guarniciones en los lugares de las presas y plantas de energía para asegurarse de que no pudiéramos volver a cerrar sus puertas. Dada la hambruna generalizada que para entonces había asolado Etiopía, ¿qué país en su sano juicio habría querido adoptar nuestros problemas?

Ya en el cambio de siglo, aunque cultivábamos trigo, maíz, cebada, sorgo y mijo para nuestro propio uso y para la exportación, la mitad de los etíopes estaban desnutridos. Esas caras en sus pantallas de televisión eran nuestras caras. Nuestro café era mundialmente famoso, pero cuando se derrumbó el comercio internacional, no había forma de llevarlo a los mercados en el extranjero y la gente puede sobrevivir sin café: es un lujo y la época del lujo había pasado. Las temperaturas más altas y la disminución de los suministros de agua no sólo aquí, sino en todo el África subsahariana, han provocado una hambruna generalizada.

Aquellos que se mantuvieron al margen y dejaron que la Tierra se calentara condenaron a Etiopía. Deberían haber escuchado a nuestro gran líder de los años treinta, por quien mis padres me nombraron, Haile Selassie: "A lo largo de la historia, ha sido la inacción de aquellos que podrían haber actuado; la indiferencia de quienes deberían haberlo sabido mejor; el silencio de la voz de la justicia cuando más importaba, lo que ha hecho posible que el mal triunfe".

SEXTA PARTE

FASCISMO Y MIGRACIÓN

America First[*]

El profesor Sinclair Thomas es un estudioso del fascismo del siglo XXI. *Hablé con él en su casa de Toronto, en el estado estadunidense de Ontario.*

Profesor Thomas, a principios de siglo habría parecido ridículo hablar de algo como el fascismo del siglo XXI. *Parecía casi haber desaparecido, como el marxismo, entre aquellos sistemas políticos anticuados y fracasados.*

Sí, la resurrección del fascismo es sólo una de las mil cosas que han sucedido y que nadie previó cuando comenzó el siglo. Pero en retrospectiva, podemos ver que había indicios del posible regreso del fascismo en el aumento del sentimiento antimigración que comenzaba en aquellos días. Finalmente, la perspectiva de ser invadidos por hordas de refugiados climáticos hambrientos, sedientos, enfermos y sin nada que perder, llevó a muchos de los países más ricos a recurrir a un caudillo y, en última instancia, al fascismo para protegerse a sí mismos y a sus fronteras. Por supuesto, no funcionó, pero una vez que un líder fascista gana el poder, resulta difícil deshacerse de él sin la revolución o la guerra.

* "Estados Unidos es primero." *(N. del T.)*

Uno puede rastrear las raíces del neofascismo en la primera década, cuando tanto la inmigración legal como la ilegal estaban aumentando en todo el mundo. Estados Unidos tenía sus mexicanos; los alemanes, sus turcos y croatas; los británicos, sus paquistaníes e indios, y así sucesivamente. Durante la década de 2020, aparecieron fuertes movimientos antimigrantes en la mayoría de los países desarrollados. A medida que el calor y la sequía generaron malas cosechas y una hambruna generalizada, el número de refugiados climáticos desesperados aumentó de manera drástica. Los países ricos resistieron y sus movimientos antimigrantes se fortalecieron.

La amenaza era mayor allí donde un país relativamente rico compartía frontera con uno relativamente pobre: Estados Unidos y México; India y Bangladesh; Libia y Níger; Egipto y Sudán; Sudáfrica y Mozambique; Corea del Sur y del Norte; Brasil y Bolivia. Y España y Marruecos, separados tan sólo por un corto tramo del mar Mediterráneo. En el país más rico de cada par, las actitudes nacionalistas y antimigrantes se volvieron demasiado fuertes para que los partidos políticos tradicionales las ignoraran. Sus plataformas se volvieron más fascistas y, en algunos países, como en Estados Unidos, surgieron nuevos partidos para amenazar a los tradicionales.

Los excanadienses éramos una excepción, ya que nuestra única frontera terrestre era con Estados Unidos. Siempre habíamos sido amigables con los inmigrantes, en parte porque sólo podían llegar aquí en avión, lo que nos permitía controlar los números. Tomamos nota de sus esfuerzos fallidos por controlar su frontera sur con México. Poco imaginamos que unas cuantas décadas después los estadunidenses que intentarían colarse en Canadá serían los migrantes ilegales.

En el cambio de siglo, la noción de que el fascismo pudiera reaparecer les habría parecido una broma de mal gusto a la mayoría de los académicos y políticos. Etiquetar a una persona o a un gobierno de fascista era el peor de los insultos. Sin embargo, en la década de 2040, una Liga de Naciones Fascistas lucía con orgullo el emblema de los fasces, el haz de varas que era el antiguo símbolo romano de autoridad y el icono de los fascistas italianos de las décadas de 1920 y 1930, bajo el gobierno de Mussolini.

El auge mundial del fascismo es un tema demasiado extenso para una sola conversación; muchos hemos escrito libros enteros al respecto, de manera que me centraré en lo que sucedió aquí en América del Norte. Eso demostrará cómo puede surgir el fascismo incluso en una democracia. No debería haber sido una sorpresa; después de todo, Alemania a principios de la década de 1930 era una democracia.

Al principio, el movimiento que se convertiría en un llamamiento a la unidad nacional, el orgullo, el acceso al trabajo y la identidad cultural reforzó el sentimiento antimigración que se había convertido en un tema político candente en las dos primeras décadas de este siglo. Políticos de derecha, expertos y demagogos de todo tipo comenzaron a demonizar a los inmigrantes mexicanos, aun cuando las economías de estados como California y Texas habían llegado a depender de su trabajo. Arizona y otros estados aprobaron leyes que permitían a la policía exigir que aquellos de quienes se sospechaba que se encontraban en el país ilegalmente —sólo una sospecha, no era necesaria una probable causa— mostraran sus papeles, una práctica que olía a tácticas de la Gestapo. Estos sentimientos antimexicanos llevaron a la construcción de su muro fronterizo y otras medidas costosas, pero inútiles, a lo largo de la frontera.

Estas acciones lograron tres cosas. Primero, ofendieron a México, produciendo un odio que perseguiría a los dos países a medida que se rompían las relaciones entre ellos. En segundo lugar, obligaron a los mexicanos a inventar otras formas de ingresar a Estados Unidos, y fueron muy hábiles en ello. En tercer lugar, cuanto menos efectivas se volvían las barreras para mantener alejados a los migrantes, más se enojaban los demagogos estadunidenses y más fuertes se elevaban sus voces, al tiempo que aumentaba el número de personas que los apoyaban. El fascismo requiere un enemigo, preferiblemente uno que pueda parecer peligroso pero que de hecho esté casi indefenso en comparación con el poder del Estado. Los mexicanos encajan a la perfección.

Al principio, los enemigos de la migración encontraron un hogar en el Partido Republicano, donde ayudaron a elegir a Donald Trump en tres ocasiones. Pero a medida que el movimiento se hizo más vocal y extremo, a finales de la década de 2020 las fuerzas antimigración se separaron para formar el Partido America First, tomando su nombre del movimiento aislacionista liderado por el aviador Charles Lindbergh en los años previos al ataque japonés en Pearl Harbor. Para las elecciones de 2028, la gente había comenzado a abandonar el Partido Republicano, culpándolo por su negación durante décadas de la verdad científica del calentamiento global y su fracaso en preparar al país para ello. Durante los años treinta, el Partido Republicano desapareció efectivamente de la política estadunidense.

En esa elección, America First tuvo una actuación mucho más fuerte que cualquier tercero en la historia de Estados Unidos. El llamamiento de America First al nacionalismo y su retórica antimigrante se había vuelto tan estridente que ninguna persona pensante podía dudar más de que el partido defendía medidas drásticas, aunque no especificadas, contra los migrantes. La votación récord de terceros hizo que los dos partidos mayoritarios, incluidos los demócratas, se volvieran aún más antimigrantes, mientras se envolvían en la bandera y ondeaban la Biblia.

Las encuestas mostraron que el candidato de America First, Jared Buchanan, ganaría las siguientes elecciones por un margen sustancial. Pronto, tanto republicanos como demócratas habían comenzado a cambiar sus banderas con alfileres de solapa por botones de America First. Los republicanos intentaron contradecir que alguna vez hubieran negado el calentamiento global, diciendo que sólo habían pedido más pruebas científicas, pero no engañaron a nadie.

En 2032, Buchanan ganó de manera aplastante y America First obtuvo una mayoría a prueba de veto en ambas cámaras del Congreso. En cuestión de semanas, su fotografía comenzó a aparecer no sólo en los edificios gubernamentales, como siempre lo había hecho la imagen del presidente, sino en muchas oficinas, hogares y escuelas. Esos botones se veían en todas partes, incluso los estudiantes comenzaron a usarlos. El saludo de America First —un puño derecho cerrado sobre el corazón— comenzó a reemplazar el apretón de manos.

Una de las primeras leyes que aprobó el nuevo Congreso fue la Ley America First, que pedía la deportación de todos los migrantes ilegales. Se requería que cada ciudadano estadunidense tuviera en su poder una tarjeta de identidad y la exhibiera cuando se le solicitara.

Los dueños de negocios que empleaban migrantes sin papeles se arriesgaban a ir a prisión y a una multa importante. Se consideró que estos no ciudadanos no tenían el derecho de *habeas corpus* y debían ser deportados de inmediato, sin el beneficio de juicio. Si una persona no llevaba consigo una tarjeta de identificación y una prueba de ADN mostraba que era de ascendencia mexicana, era enviada de regreso a México en sólo días, y no se trataba de un viaje agradable. El gobierno nacionalizó las empresas ferroviarias y las utilizó para recoger y enviar de regreso a los mexicanos sin documentos de identidad en sus vagones. Muchos no sobrevivían al viaje. Aquellos que lo hacían, languidecían en los campos de refugiados fronterizos, y un gran número murió allí, ya que México no tenía forma de cuidarlos. Surgieron imágenes horribles que mostraban a mexicanos demacrados pidiendo comida y padres que habían sido separados de sus hijos en las puertas del campo, como sucediera un siglo antes en las puertas de Auschwitz.

La Ley America First fue diseñada para librar a Estados Unidos de migrantes ilegales, pero eso no apagó la ira de los America First más rabiosos. California, el suroeste y Texas estaban sintiendo los efectos del calentamiento global, a medida que los suministros de agua se reducían y el calor cada vez mayor acababa con los cultivos en sus campos. Con la mayoría de los ilegales desaparecidos, los líderes del partido necesitaban encontrar a alguien nuevo a quien culpar. ¿Quiénes más sino los ciudadanos de ascendencia mexicana? Esto llevó a la Ley Sólo Estadunidenses, basada en las Leyes de Núremberg de la década de 1930. La ley clasificaba a los ciudadanos según criterios raciales y era lo suficientemente complicada como para que el gobierno tuviera que publicar gráficos en inglés y español para explicarla, utilizando círculos marrones, blancos y pardos. Las personas se clasificaban como estadunidenses si sus cuatro abuelos eran de "sangre estadunidense" (círculos blancos). Eran "mexicanos" si tres o cuatro de sus abuelos eran mexicanos (círculos marrones). Una persona con uno o dos abuelos mexicanos tenía sangre mixta (círculos de color pardo).

Curiosamente, para los America First, librar al país de todos los migrantes ilegales sólo empeoró las cosas. No sólo no estaban disponibles para asumir la culpa de los males del país, sino que no había nadie que realizara las tareas serviles y de bajo salario. Las fresas y las lechugas se pudrieron en los campos de California, Arizona y Texas; los restaurantes del suroeste tuvieron que cerrar; las escuelas estaban vacías; la suciedad y la basura se apilaron afuera de los edificios de oficinas. Lo que había sido un colapso económico inminente pronto se convirtió en una realidad.

Los líderes del Partido America First habían asumido que, a medida que el gobierno confiscaba propiedades mexicanas y expulsaba a los empresarios mexicanos, se abrirían puestos de trabajo anteriormente ocupados por ellos, lo que permitiría a los estadunidenses que lo merecían intervenir y hacerse cargo de esos puestos. Pero en ese momento, a fines de la década de 2030, la economía estadunidense —en realidad, la economía mundial— estaba tan deprimida que, por lo general, nadie veía ningún beneficio en adoptar una de las empresas abandonadas e intentar administrarla de modo que generara ganancias. Además, incluso en esos tiempos difíciles, muy pocos estadunidenses estaban dispuestos a asumir las tareas serviles que los migrantes habían realizado una vez.

Sin enemigos obvios y con la economía estadunidense en ruinas, en la década de 2040 la gente se alejó del tipo de fascismo de America First. No se inclinaron necesariamente hacia algún otro partido, pero perdieron el interés y no encontraban sentido alguno en votar. En la última elección en la que America First presentó un candidato, 2044, sólo 19 por ciento de los votantes elegibles emitió su voto. Hoy, por supuesto, el porcentaje es aún menor. Por desgracia, en países que no habían sido verdaderas democracias, el fascismo duró mucho tiempo más, aunque con el tiempo, como la gente tuvo que enfocarse en su propia supervivencia, tuvieron menos tiempo para dedicarlo a culpar a las minorías y a los migrantes, y el fascismo también perdió su atractivo en esos países.

Hoy, en la mayoría de las áreas del mundo, la política se ha vuelto irrelevante. ¿Por qué molestarse en votar cuando se sabe que los líderes del pasado fallaron a la humanidad y trajeron el fin del mundo a la realidad?

Malas cercas, malos vecinos

Raúl Fuentes fue el último embajador de México en Estados Unidos, antes del colapso de las relaciones entre ambos países.

Embajador Fuentes, repasemos los años en que las relaciones entre México y Estados Unidos se rompieron.

Perdóneme, por favor, si mi inglés se ha deteriorado desde aquellas décadas en que lo hablaba todos los días, mientras estuve en su país. Para nosotros, los diplomáticos, el inglés era un segundo idioma. A menudo lo hablábamos entre nosotros, sólo para mostrar nuestro dominio. Hoy en día, ningún mexicano que se respete a sí mismo sería sorprendido hablando en inglés. Entonces, perdóneme si lo he olvidado.

La *proximidad* puede generar grandes amistades, pero entre las naciones también puede crear grandes enemigos. Uno de sus poetas escribió que las buenas cercas hacen buenos vecinos. Eso fue mucho antes de que construyeran su despreciable muro y cerca fronteriza, por supuesto. Las relaciones de nuestros países han oscilado entre la amistad y la animosidad a lo largo de toda nuestra historia. Pero, milagrosamente, acudimos a la guerra sólo una vez, en 1846. Por desgracia, nosotros no éramos rivales para el norte, ni en ese entonces ni después.

Nos gusta recordarles que mientras su oeste todavía era *terra incognita*, nuestros antepasados aztecas ya habían construido una floreciente civilización. Fue nuestra suerte y nuestra desgracia estar río abajo en su principal afluente occidental, el río Colorado, nombrado así por un español mucho antes de que ustedes llegaran. Uno de nuestros líderes lo dijo bien: "¡Pobre México, tan lejos de Dios y tan cerca de Estados Unidos!". Si el río Colorado hubiera fluido hacia el norte desde México y hacia Estados Unidos, dejándonos río arriba de ustedes, bastantes cosas en la historia hubieran sido diferentes y más a nuestro favor.

Durante millones de años, el río fluyó hacia el sur y el oeste, y condujo sus aguas hacia el golfo de California, donde construyó un gran delta. Antes de que comenzáramos a regar cerca de Mexicali y Caléxico, no habíamos necesitado agua del río. En cuanto lo hicimos, ustedes ejercieron el derecho del hombre río arriba y se quedaron con el agua. Después de que construyeron la presa Hoover, decretaron generosamente que en lugar de 100 por ciento del agua del río Colorado que Dios le había dado a México, le permitirían 10 por ciento. ¿Qué podíamos hacer? *Algo es algo; menos es nada*... medio pan es mejor que nada, dicen ustedes. Sus leyes decían que en épocas de sequía, sus estados compartirían la carga de proporcionarnos el agua que habían prometido. Pero sabíamos que hasta que mientras no se probara el acuerdo, eran sólo palabras en papel. La historia nos dice que cuando llega la sequía, la gente se queda con el agua que controla, sin importar lo que digan los tratados. Dados sus prejuicios contra México y su demonización de nuestros pobres, no vimos razón alguna para creer que se comportarían de manera diferente.

A principios de este siglo, ustedes estaban utilizando cada gota de su parte del río Colorado. Aun así, permitieron un crecimiento loco y el desarrollo en sus ciudades y pueblos del oeste. Nosotros tenemos un dicho: "Procura lo mejor, espera lo peor y toma lo que venga", esperamos lo mejor, pero nos preparamos para lo peor. Ustedes, en el norte, sólo podían manejar la primera mitad de ese proverbio. Pensaban que debido a que habían almacenado dos o tres años del caudal anual del río en sus embalses, podrían sobrevivir a cualquier sequía. No creyeron, o no podían permitirse el lujo de creer, que la sequía algún día agotaría sus depósitos.

Continuaron proporcionando a México su 10 por ciento hasta la década de 2030. Para entonces, el calentamiento global y el crecimiento de la población habían provocado que sus reservorios se agotaran, pero insistimos en que siguieran enviándonos nuestra parte. No fuimos los únicos en reclamar una parte del río. Sus nativos americanos, en particular la enorme tribu navajo, también comenzaron a insistir en recibir una participación mayor y demandaron legalmente a su gobierno para obtenerla. Ustedes enfrentaban una decisión difícil. Podrían continuar enviando agua río abajo, hacia nuestros campos, al sur de la frontera, pero luego tendrían que negar esa agua a sus productores de alfalfa del Valle Imperial y, pronto, a sus ciudades. En otras palabras, tendrían que tomar el agua que fluye bajo las narices de los estadunidenses y dársela a los mexicanos y los nativos americanos. Como dicen, "ni en sueños". En cambio, anunciaron que Estados Unidos reduciría "temporalmente" las entregas de agua por debajo de la frontera y las restablecería cuando hubiera más agua disponible. E incluso entonces, sus políticos negaron la realidad del calentamiento global.

Sabíamos, por supuesto, cuándo terminaría lo "temporal": en algún momento del siglo XXII, si no es que del XXIII, y realmente preferíamos no tener que esperar tanto. Sin el agua del río Colorado, la agricultura mexicana en la frontera, ya en peligro por el creciente calor, moriría, muchos de nuestros agricultores se irían a la ruina y nuestra gente pasaría hambre. Tal como pintaban las cosas para el resto del siglo, sin ese producto no sólo nos quedaríamos sin los ingresos de las cosechas, sino que la hambruna se convertía también en una posibilidad real.

Siempre que Estados Unidos quería evitar que la gente cruzara la frontera hacia el norte, o que el agua cruzara hacia el sur, construía un muro o una presa, y desafiaba a cualquiera que quisiera hacer algo al respecto. Toda esa gente como tú que, por destino y por fortuna, terminó en un lado de una línea en la arena y no en el otro, tenía un desprecio absoluto por nosotros, los mexicanos, como personas. En la intención, tal vez Estados Unidos puede no haber sido racista, pero en la práctica lo fue, y las intenciones no importan.

Sin embargo, nosotros no carecíamos de nuestros métodos de respuesta. Quien teme a la muerte no goza la vida, los cobardes mueren muchas veces, decimos, y los mexicanos no somos cobardes. El tratado de agua entre nosotros no sólo cubría el río Colorado, sino que requería que México entregara a Estados Unidos varios cientos de miles de hectolitros cada año desde los afluentes mexicanos hasta el río Bravo del Norte, el río Grande, como ustedes lo llaman. Cuando cortaron el flujo del Colorado, hicimos lo mismo con el río Bravo.

Intentamos seguir por el camino de la diplomacia, pero no llegamos a ninguna parte, por lo que tomamos la única acción abierta: en 2032 demandamos a Estados Unidos en la Corte Internacional de Justicia de La Haya, alegando que ustedes habían violado las disposiciones de cantidad y calidad del agua de nuestro tratado. Como yo me encontraba en Washington, estuve profundamente involucrado en ese enfrentamiento. Para entonces, la Organización de las Naciones Unidas estaba perdiendo cada vez más importancia y, aunque el tribunal falló a favor de México, no había manera de que se cumpliera la sentencia. Su gobierno anunció que ya no reconocía a la Corte Internacional. El Consejo de Seguridad de la ONU votó sobre una moción para obligar a Estados Unidos a devolver el flujo del río Colorado y pagar una indemnización a México, pero usó su veto para detener la moción. Estados Unidos continuó bloqueando el flujo del Colorado hasta que nuestros distritos agrícolas de Mexicali y Caléxico se convirtieron otra vez en desiertos áridos. Hoy en día, casi nadie recuerda las cebollas, lo verde y suculento, los espárragos, los betabeles y las lechugas que cultivábamos en los campos de Mexicali, gran parte de lo cual se la enviábamos a ustedes.

Más allá de contener el agua en el río Bravo, no tuvimos más remedio que usar las pocas armas adicionales que teníamos. Sus ciudades de Phoenix y Las Vegas, ambas ubicadas lejos del agua salada, habían pagado para construir plantas desalinizadoras en el golfo de California, en nuestro país. Ustedes nos darían el agua desalinizada que producían las plantas y nosotros les daríamos la misma cantidad de nuestra parte del tratado del agua del río. Para 2045, dos de las plantas estaban en funcionamiento y dos más se encontraban en construcción. Su costo rondaba los mil quinientos millones de dólares cada una, pero dado que el agua es vida, para un hombre con mucha sed, el agua es barata a cualquier precio. Después de que su gobierno cerró el flujo del río Colorado a México, no nos quedaba nuestra parte del río para dar: ustedes ya la habían tomado. Como ustedes rompieron su parte del trato, no sentimos la necesidad de cumplir la nuestra, por lo que nacionalizamos las plantas desalinizadoras y retuvimos toda el agua que producían para nosotros. Resultó que podíamos operar las plantas tan bien como ustedes, ¡ya lo estábamos haciendo! Estados Unidos respondió congelando los activos mexicanos en Estados Unidos; nosotros nacionalizamos todas las fábricas estadunidenses en México y nos retiramos del Acuerdo Comercial Estados Unidos-México-Canadá.

Un punto importante de su plataforma fascista fue que Estados Unidos debería deportar no sólo a todos los mexicanos ilegales, sino a todos los legales que no pudieran pasar su prueba de identidad racial. Comenzaron a reunir a los mexicanos y a transportarlos a campamentos cerca de la frontera, donde fueron procesados antes de ser enviados al otro lado. Lo que su inepto Departamento de Pureza de la Patria y sus demagogos fascistas no habían entendido era cuán grande sería ese trabajo y qué efectos secundarios tendría. Nadie sabía cuántos ilegales había en su país en ese momento, pero tan sólo en California se estimaba que había alrededor de cinco millones. Después de reunir a los primeros cientos de miles, comenzó a correr la voz de que los campos fronterizos estaban llenos de disentería, cólera y tifus. Cuando los millones restantes de mexicanos en California y Texas se enteraron de las muertes masivas en los campamentos, muchos decidieron que la única forma de salvarse a sí mismos y a sus familias era regresar a México por su cuenta y evitar los campamentos. Los mexicanos desarrollaron una red para sacar a la gente de Estados Unidos. Su palabra clave era *Salsipuedes*: vete de aquí si puedes. Seis meses después de que comenzaran las redadas, se estima que dos millones de mexicanos y sus familias, con todas las pertenencias que pudieron cargar o llevar en carretas, se encontraban en las carreteras de California. En Texas, otro millón estaba en movimiento. Y también otros tantos de casi todos los estados de la Unión. Las carreteras y autopistas de California se atascaron rápidamente y nada iba a ninguna parte, salvo a pie. En el apogeo de la crisis, su Guardia Nacional y las tropas del ejército mexicano se enfrentaron al otro lado de la frontera, y la guerra parecía inminente. Pero ya era demasiado tarde para salvar a muchos de los deportados. En los campamentos de su lado de la frontera murieron cientos de miles de mexicanos; de nuestro lado, sucedió lo mismo, porque teníamos incluso menos capacidad para cuidar de nuestros desesperados refugiados.

Y ahora, señor, debe perdonarme, porque me he emocionado demasiado para continuar. Recordar es demasiado duro para un anciano. Debo decirle adiós.

SÉPTIMA PARTE

SALUD

El siglo de la muerte

El doctor Charles Block era el director de Médicos sin Fronteras. Lo vi en su casa, en Ginebra.

Doctor Block, ¿cómo ha afectado el calentamiento global a la salud humana en este siglo?

Algunas personas lo llaman el siglo del calor, otros el siglo del fuego, el siglo de las inundaciones, y otros nombres similares. Yo lo llamo el siglo de la muerte. Soy médico y pasé toda mi carrera trabajando en la primera línea para Médicos sin Fronteras, en países de todo el mundo, y me jubilé en 2070. Vi de primera mano cómo el calentamiento global empeoraba casi todos los aspectos de la salud humana y su costo en cientos de millones de vidas.

Ya desde los primeros años de este siglo, sabíamos que el calentamiento global provocaría una crisis de salud. En las décadas de 2010 y 2020 hubo decenas de informes que dan cuenta de ello. Pero incluso nosotros, los profesionales médicos, subestimamos la profundidad de esa crisis.

Era obvio que el calentamiento global causaría la muerte de más personas a causa del calor extremo, pero algunos pensaron que menos morirían de frío. Sin embargo, los dos extremos no se equilibraron y muchos más murieron a causa del calor de los que se salvaron del frío. En el cambio de siglo, algunas áreas ya estaban tan calientes que si se calentaban más, cientos de miles estarían destinados a morir. En los meses de verano previos al monzón durante el siglo XX, las máximas en las llanuras de los ríos Indo y Ganges en India, Pakistán y Bangladesh a menudo alcanzaban los 113 °F [45 °C]. Hoy en día, esos máximos alcanzan habitualmente los 124 °F [51 °C] y, a menudo, son incluso unos cuantos grados más altos. La mayor parte del área siguió siendo rural, donde la gente no tiene acceso a aire acondicionado o incluso a la electricidad necesaria para hacer funcionar un ventilador. En tales regiones, la mortalidad debida al calor se disparó. Las cosas eran todavía peores en las ciudades, donde el metal, el asfalto y el concreto absorben el calor durante el día y lo liberan por la noche. Incluso antes del calentamiento global, una ciudad grande típica era varios grados más caliente que el área rural circundante. A medida que el mundo se calentaba, las ciudades se calentaban más, sobre todo de noche, y muchas de estas ciudades, en los países en vías de desarrollo, se convirtieron en trampas mortales.

En 2000, la Organización Mundial de la Salud proyectó que un aumento de la temperatura de 1.8 °F [1 °C] mataría a trescientas mil personas más al año, pero ahora las temperaturas globales han cuadruplicado esa proyección. Una estimación aproximada afirma que en la segunda mitad de este siglo de cinco a seis millones de personas por encima del promedio de finales del siglo XX han muerto cada año por los efectos directos del calor. Pero el número de víctimas está aumentando. Para 2100, probablemente este número será varios millones más alto y seguirá aumentando después de eso.

La desnutrición ha sido otra de las principales causas de muerte. A principios de este siglo, al menos tres millones de niños morían cada año por desnutrición, pero muchos más eran vulnerables incluso a una pequeña caída en la producción de alimentos. El calentamiento global ha empeorado la mala nutrición de varias formas, algunas de las cuales no se habían previsto. A medida que avanzaba el siglo, los fenómenos meteorológicos extremos se hicieron más comunes —tanto el calor como las precipitaciones—, anegando algunas áreas agrícolas y secando otras. Cuando los sistemas de transporte comenzaron a fallar, a mediados de siglo, se hizo cada vez más difícil trasladar los cultivos de los campos a los mercados. En muchas áreas, las plagas proliferaron a medida que aumentaba la temperatura. El calor redujo la producción de alimentos porque la gente no podía trabajar en los campos durante la mayor parte de las horas del día. Calculo que hoy entre quince y veinte millones de personas mueren cada año por mala nutrición.

Permítame pasar ahora al tema específico de la enfermedad. El Grupo Intergubernamental de Expertos sobre el Cambio Climático, la Organización Mundial de la Salud y otros ya habían intentado proyectar el efecto del calentamiento global sobre las enfermedades, pero era una empresa difícil porque había muchas incógnitas. Tomemos el ejemplo de la malaria. En la década de 2010, más de doscientos millones de personas contraían malaria al año y casi quinientos mil morían por esta causa; 90 por ciento de ellas radicaba en África. Se proyectaba en ese entonces que la población en riesgo de contraer malaria, incluso sin el calentamiento global, se duplicaría para 2100, pero con el calentamiento global, el número de muertos ha aumentado todavía más. Los mosquitos que transmiten la enfermedad tienen un rango de temperatura pequeño en el que pueden reproducirse mejor. Un poco más fresco y su crecimiento se atrofia o mueren. Un poco más cálido, florecen, pero cuando la temperatura sube más allá de su rango, no pueden reproducirse y mueren. Se podría haber pensado que esto se compensaría entre sí, pero el factor adicional fue que a medida que aumentaba la temperatura, las áreas que antes habían sido demasiado frías para los mosquitos, ya no lo eran. Y en esas áreas, la población no había desarrollado resistencia a la enfermedad y, por lo tanto, era más vulnerable. Por lo tanto, el calentamiento global ha causado muchas más muertes por malaria de las que se habían pronosticado.

Las garrapatas son otro insecto letal que depende en gran medida de la temperatura. El ciclo de vida de las garrapatas es complicado, pero en retrospectiva podemos ver lo que ha sucedido. Primero, recordemos cuán pestilente es la garrapata. Hay una serie de especies que en conjunto son portadoras de la enfermedad de Lyme, tularemia, fiebre maculosa de las Montañas Rocallosas, fiebre por garrapatas de Colorado y otras más. A medida que aumenta la temperatura, como ocurre con la malaria, las garrapatas portadoras de enfermedades se propagan a áreas que antes habían sido demasiado frías para ellas. Las garrapatas ahora han infestado antiguas provincias canadienses que en el pasado no las habían conocido y se siguen desplazando hacia el norte. Han desaparecido en zonas más meridionales, pero ha habido un aumento neto en el número de garrapatas e infecciones.

La guerra es, obviamente, un problema de salud directo e indirecto. Ha costado cientos de millones de vidas y, en el caso de la guerra indo-pakistaní, ha hecho inhabitables vastas áreas. Una amenaza relacionada con la guerra que Médicos sin Fronteras no alcanzó a prever fue el empeoramiento de la salud de los millones de refugiados climáticos, que a menudo terminaban sin instalaciones sanitarias, alimentos, agua o servicios médicos. Nuestros estudios no previeron que los gobiernos fascistas confiscarían a millones de deportados en miserables y mortíferos campos fronterizos. Tampoco consideraron los efectos de las inundaciones mundiales sobre la disentería, el cólera, la fiebre amarilla y el tifus. Ni que regiones ya secas, como el suroeste de Estados Unidos, el Sahel entre el Sahara y la sabana sudanesa, y partes de China, por ejemplo, se volverían tan secas que la tierra comenzaría a ser arrastrada por el viento, generando hambruna y, entre los que vivían de cara al viento, problemas respiratorios letales. Ni que el envenenamiento por radiación de la guerra indo-pakistaní propagaría la muerte por todo el Punjab durante décadas. Ni la mayor mortalidad entre los ancianos, sobre todo en los países fascistas, algunos de los cuales comenzaron a practicar la eutanasia en ancianos. Entonces, verá por qué nuestras estimaciones a principios de siglo de la mala salud y la mortalidad venideras eran tan bajas.

Organizaciones como Médicos sin Fronteras y la Cruz Roja dependían de las donaciones de personas solidarias. A muchos todavía les importa, pero pocos tienen los medios para donar, ni siquiera a la caridad más digna. La mayoría necesita cuanto tiene para mantener a sus propias familias. La combinación de recursos cada vez más reducidos y una crisis de salud creciente parece que acabará con seguridad tanto con Médicos sin Fronteras como con la Cruz Roja antes de que termine el siglo.

Esto puede haber parecido un poco como una recitación seca de números. Si es así, no he podido transmitir el impacto de la mayor crisis de salud en la historia de la humanidad. Recuerde que estamos hablando de la vida de innumerables seres humanos, no de números, sino de hombres, mujeres y especialmente niños. Permítame darle un ejemplo que ocurrió mientras estaba destinado en un hospital de Médicos sin Fronteras en Morelos, México, durante la década de 2040, uno que nunca olvidaré. Una niña de diez años fue traída por personas que la encontraron abandonada a un costado de la carretera cerca del mediodía, en uno de los días más calurosos de julio. No sabían su nombre, pero creían que se trataba de una deportada de Estados Unidos. La niña mostraba síntomas de malaria severa y, justo cuando comencé a examinarla, murió en mis manos. Entonces, mi trabajo consistía en completar su certificado de defunción y determinar la causa de su muerte. Además de la malaria, estaba desnutrida cerca del punto de inanición, severamente deshidratada, con fiebre alta, su cuerpo cubierto de llagas infectadas por picaduras de garrapatas y mosquitos, sus piernas plagadas de excrementos acuosos de disentería. Entonces, ¿cuál debía elegir como causa de muerte? Recuerdo haberme dado la vuelta, escribir algo y pasar al siguiente paciente, mientras pensaba en silencio que sí conocía la causa última de su muerte: la indiferencia criminal de las personas que podrían haber hecho algo para detener el calentamiento global y salvarla a ella y a muchos otros, pero no quisieron tomarse la molestia.

Muerte con Dignidad

Hoy, estoy hablando con la doctora Margaret Sandlind, exdirectora ejecutiva de Muerte con Dignidad, una organización sin fines de lucro con sede en Oregón, fundada en la década de 1990.

Doctora Sandlin, cuénteme sobre el origen de Muerte con Dignidad y cómo ha evolucionado durante este siglo.

Comenzamos en Oregón porque fue el primer estado y uno de los primeros gobiernos del mundo en aprobar una legislación que legalizaba la asistencia médica para morir. Creíamos con Victor Hugo que "hay una cosa más fuerte que todos los ejércitos del mundo, y ésa es una idea a la que le ha llegado el momento". Nuestra idea era y es que cuando la vida se ha vuelto insoportable, las personas deberían obtener asistencia médica legal para ponerle fin. Por supuesto, la idea no era originalmente nuestra, pero fuimos de los primeros en abogar por ella y defenderla como política pública.

Decir que la muerte asistida es controvertida sería quedarme corta. A principios de siglo, el fiscal general John Ashcroft había llegado al extremo de utilizar agentes antidrogas federales para enjuiciar a los médicos que ayudaban a morir a pacientes terminales. Esto resultó ser algo bueno para nosotros, porque llevó el asunto a la Corte Suprema, que determinó que Ashcroft había excedido los límites de su autoridad, con una votación de seis a tres. Luego llevamos nuestra causa a otros estados y, para 2020, Oregón, California, Vermont y Washington aprobaron la muerte asistida.

Permítame enfatizar que, desde el principio, defendimos que sólo aquellos con una enfermedad médica terminal y diagnosticada deberían poder terminar con sus vidas y con la asistencia de un médico. Por supuesto, eso dependía de la definición de *terminal* y de *enfermedad*, las cuales estaban a punto de cambiar.

Durante los años veinte y treinta, tuvimos éxito en un estado tras otro, y nuestra organización creció. Pero alrededor de 2040, nuestro personal y profesionales médicos en los estados del sur comenzaron a conocer pacientes que no presentaban nuestro perfil típico. Llegaban solos, a menudo con la carta de un psicólogo. Y aquí permítame brindarle algunos antecedentes, sobre todo pensando en sus lectores más jóvenes, que no vivieron este periodo.

Los eruditos sabían desde hacía mucho que la tasa de suicidios —aquí estoy hablando de aquellos que se quitaban la vida sin asistencia médica— se correlacionaba directamente con la temperatura. A mediados de la década de 2040, en las partes más meridionales del país, las olas de calor del verano duraban más y alcanzaban temperaturas más altas. Esto supuso un estrés adicional para los ancianos y los enfermos, las personas en hogares de ancianos y en instalaciones de vida asistida. Empezamos a notar esto por primera vez en Phoenix, donde no había suficiente electricidad para mantener el aire acondicionado funcionando de manera continua y el agua se estaba volviendo escasa. La mortalidad por calor en Phoenix estaba aumentando, sobre todo entre los ancianos, cuya resistencia a cualquier tipo de estrés era menor. Después de una fuerte ola de calor, los empresarios de pompas fúnebres de Phoenix tenían más trabajo del que podían manejar.

En 2045, un médico de Phoenix visitó nuestra oficina allí para defender el caso de una de sus pacientes, una mujer de 95 años, con una salud frágil. Ella no tenía una enfermedad terminal diagnosticada como tal, pero sufría terriblemente durante las incesantes olas de calor, cuando era imposible que una persona postrada en cama se sintiera cómoda. El médico presentó por escrito su opinión de que esta paciente moriría de un golpe de calor en la próxima ola o en la siguiente. En otras palabras, él estaba afirmando que la paciente tenía una condición que resultaría terminal, sólo que se trataba de una que no habíamos contemplado antes. Con la aprobación de su familia, él estaba dispuesto a acelerar su muerte para evitar el dolor y el sufrimiento que ella tendría que atravesar, pero quería el apoyo moral y, de ser necesario, el apoyo legal y financiero de Muerte con Dignidad. No prometimos nada, pero él tomó la medida de cualquier manera. Fue arrestado, condenado por negligencia y perdió su licencia. Después de probablemente el debate más largo y difícil en la historia de nuestra organización, nuestra junta acordó suscribir una apelación de su condena. La suya era evidentemente una idea cuyo momento había llegado, como había escrito Victor Hugo, porque nuestra campaña para apoyar sus gastos legales recaudó alrededor del doble de lo que esperábamos.

La apelación se abrió paso a través de los tribunales inferiores y para 2050 estaba a punto de llegar a la Corte Suprema. Para nuestra sorpresa, la Asociación Médica Estadunidense presentó un informe en nuestro nombre. Cuando nos reunimos con esta asociación para elaborar una estrategia, nos enteramos de que los médicos de todo el país estaban enfrentando el mismo problema que ese médico: qué hacer con los pacientes ancianos que estaban destinados a sufrir una muerte agonizante de una forma u otra como resultado de la crisis del calentamiento global. Las personas mayores sin dinero, sin familia y sin ningún lugar adonde ir se estaban quedando atrapadas en comunidades costeras condenadas a la ruina y en ciudades asfixiantes como Phoenix. Habían comenzado a suicidarse de maneras horribles que no detallaré, o morían de negligencia y hambre, solos y olvidados. Los hijos adultos querían ayudar a sus padres ancianos, pero a menudo carecían del espacio y los recursos para cuidarlos. Acudían a nosotros para encontrar una salida decente para sus padres y madres.

Los casos legales que dependían de la verdad del calentamiento global provocado por el hombre ya habían llegado ante el tribunal, lo que los llevó a convertirla en una cuestión de derecho establecido: demasiado tarde, pero mejor que nunca. La siguiente pregunta era qué hacer con las víctimas presentes y futuras del calentamiento global. En un raro voto unánime, la corte anuló la condena del doctor de Phoenix, quien fue reintegrado a sus labores y retomó sus prácticas. Estado tras estado comenzaron a revisar sus estatutos para redefinir la "enfermedad terminal", así como lo había hecho él.

Nuestra organización estaba en la extraña posición de no querer tener demasiado éxito, pero después de esa decisión recibimos tantas solicitudes de todos los estados que tuvimos que expandirnos. El número de muertes asistidas aumentó de manera drástica, pero también lo hicieron los suicidios. En 2020, el suicidio era la décima causa principal de muerte en el país. En aquel entonces, una persona de cada diez mil se suicidaba cada año, lo que daba un total de alrededor de ochocientos mil en todo el mundo por año. Entre las edades de 15 a 29, el suicidio era la segunda causa principal de muerte. Más de las tres cuartas partes tenían lugar en países de ingresos bajos y medios, y en esos casos, muchos elegían el método verdaderamente horrible de ingerir plaguicidas.

Para 2060, el suicidio se había convertido en la tercera causa principal de muerte a nivel mundial, mientras que el golpe de calor ocupaba el segundo lugar. En ese momento, sin importar lo que la gente hubiera pensado antes sobre el calentamiento global, era innegable que estaba sucediendo y, a menos que se pudiera encontrar una buena razón por la que debería detenerse, continuaría y empeoraría. La gente de los países educados había captado el concepto del gasoducto de CO_2 y sabía que quedaba mucho calentamiento futuro. Sabían que no habría escapatoria para ellos y sus descendientes durante quién sabe cuántas generaciones.

La depresión siempre ha sido un problema médico, pero se había vuelto endémico y empezó a circular una broma enfermiza:

"Estar cuerdo quiere decir estar deprimido". Cuanto más se comprendía la realidad y la naturaleza efectivamente eterna del calentamiento global, más personas se quitaban la vida. Siempre ha habido un cierto aspecto de imitación del suicidio, es triste decirlo, y ahora una persona no necesita ir muy lejos para encontrar a alguien a quien copiar en su propia familia, o entre sus amigos y vecinos.

Ahora, otro médico nos habló del caso de un hombre de mediana edad, un paciente que por lo demás gozaba de buena salud y que se había deprimido tanto (se podría decir que estaba deprimido en etapa terminal) que no podía funcionar. Este hombre había pedido al médico que lo ayudara a poner fin a su vida con humanidad y dignidad. Como muchos, no quería que sus hijos tuvieran que lidiar con sus restos. Apoyamos al médico desde el principio, al igual que la Asociación Médica Estadunidense, la Asociación Estadunidense de Psicología y otras organizaciones médicas, argumentando que la depresión había llegado a la etapa de una pandemia, lo que justificaba la muerte asistida por motivos médicos y humanos. Esta vez no hubo objeciones por parte de ningún oficial y los médicos empezaron a poner en práctica la idea.

¿Cuál es el estado de Muerte con Dignidad hoy y cuál es su futuro?

Me jubilé hace diez años, pero dejé la organización en buenas manos. Pronto celebrará su centésimo aniversario. Muerte con Dignidad se ha expandido mucho más allá de lo que nuestros fundadores podrían haber imaginado y se ha convertido en una organización global. Según los estándares que solíamos usar para juzgar el éxito empresarial, tendría que decir que fuimos exitosos. Es extraño desear no haberlo necesitado. Como se puede imaginar, el trabajo que hacemos, reunirnos con familias que enfrentan una de las decisiones más difíciles que alguien tiene que tomar, desgasta terriblemente al personal. Nuestros trabajadores de primera línea no pueden hacerlo por mucho tiempo, de lo contrario, también se deprimen de manera terminal. Solíamos depender mucho de los voluntarios, pero hoy en día pocas personas parecen tener tiempo para trabajar como voluntarios. Entonces, para responder a su pregunta, por mucho que odie decirlo, no veo cómo Muerte con Dignidad pueda mantenerse durante mucho tiempo más. El problema que intenta aliviar se ha vuelto demasiado grande y debilitante.

OCTAVA PARTE

ESPECIES

La zarigüeya de cola anillada verde

La doctora Sandrine Landry es directora de la Unión Internacional para la Conservación de la Naturaleza con sede en Gland, Suiza, cerca de Ginebra. Las especialidades científicas de la doctora Landry son los arrecifes de coral y la ecología de Australia. Le pregunté sobre ese continente, y luego nos centramos sobre las extinciones mundiales.

Doctora Landry, hemos aprendido cómo el calentamiento global afectó a la tierra y a la gente de Australia. ¿Cuál ha sido el impacto del calentamiento global en los ecosistemas únicos de Australia?

Permítame comenzar con la Gran Barrera de Coral frente al estado de Queensland, en el noreste de Australia. Durante el siglo XX fue la atracción turística más famosa del país y el arrecife más grande del mundo, con más de 1,200 millas [2,000 kilómetros] de largo, lo que equivale a un área mayor que el Reino Unido e Irlanda juntos. Era el arrecife más prístino del mundo y un sitio natural considerado Patrimonio de la Humanidad. Más de mil quinientas especies de peces dependían del arrecife, al igual que seis de las siete especies de tortugas marinas amenazadas del mundo. Hoy en día, la Gran Barrera de Coral yace blanqueada y muerta, como el esqueleto fantasmal de alguna criatura marina monstruosa y diseccionada, con los huesos consumidos por el calentamiento global.

Para explicar qué mató a la Gran Barrera de Coral, primero necesito recordar a sus lectores algo que los estudiantes sabían cuando aún existían los arrecifes de coral. El colorido coral que vemos en fotografías antiguas son en realidad dos criaturas diferentes. Los arrecifes están hechos de carbonato de calcio blanco, secretado por miles de millones de diminutos pólipos. Los hermosos colores que la gente solía asociar con el coral provenían de una segunda criatura: plantas diminutas de colores, o algas, que vivían en simbiosis con estos pólipos. En todo el mundo, alrededor de cuatro mil especies de peces dependían de esas algas.

La triste realidad es que cuando la temperatura del agua de mar se eleva por encima de los 86 °F [30 °C], el coral expulsa a las algas y queda en su color blanco natural. Al no tener nada de qué alimentarse, los peces y todo el ecosistema de coral mueren. Los corales siempre se habían blanqueado durante los episodios de aguas cálidas, pero, hasta ese siglo, el agua finalmente se enfriaba y les daba a los corales la oportunidad de recuperarse.

Al final del siglo XX, los arrecifes de coral ya estaban en problemas. En un calentamiento de El Niño, en 1998, el mundo perdió 16 por ciento de sus arrecifes de coral, incluidas partes de la Gran Barrera de Coral. Luego llegó el verano de 2002, cuando la temperatura de la superficie del agua de mar en los océanos del sur se elevó 3.6 °F [2 °C] por encima de lo normal y se mantuvo así durante dos meses, lo que provocó un extenso blanqueamiento. El verano de 2005 vio las temperaturas oceánicas más altas desde que habían comenzado las mediciones satelitales; una vez más, muchos arrecifes individuales se blanquearon y murieron. Entre 2014 y 2017, en sólo tres años, la cobertura de coral en la región norte del arrecife se había reducido a la mitad. Dos severos ciclones contribuyeron, pero causaron tanto daño porque el coral ya estaba debilitado. Como puede ver, estos eventos ocurrieron antes del calentamiento global.

Los australianos hicieron lo que pudieron para tratar de proteger el arrecife. Adoptaron zonas de no pesca, limpiaron el agua que ingresaba al océano frente a Queensland y pusieron fin a la pesca de arrastre por parte de los japoneses y otras naciones. Pero no pudieron enfriar los océanos. Para 2050, 95 por ciento de la Gran Barrera de Coral había muerto, llevándose consigo más de mil especies de peces. El hermoso arrecife que alguna vez le había dejado a Australia ganancias de más de mil millones de dólares al año en turismo, ya no aportaba nada.

En cuanto a otra atracción turística, las famosas playas de Australia, nadie querría ir allí. Las playas se han reducido y desaparecido, y en muchas de ellas las medusas punzantes y, a veces, mortales obstruyen ahora las aguas cercanas a la costa y sus cuerpos ensucian la arena. Las medusas son las cucarachas del mar: el último superviviente. Si hubiéramos querido crear una fábrica de medusas no podríamos haberlo hecho mejor. Acabamos con sus depredadores: los peces que eran blanco de la pesca deportiva, como los tiburones, el atún y el pez espada. Contaminamos el océano y bajamos el contenido de oxígeno cerca de la costa. Luego, calentamos las aguas. ¿El resultado? Una explosión de medusas. La picadura de una medusa no es sólo un inconveniente temporal; puede provocar heridas dolorosas que no cicatrizan durante meses. Peor aún, si la medusa irukandji te pica, experimentas un dolor severo en los brazos, las piernas, la espalda y los riñones. Tu piel comienza a arder, te duele la cabeza, experimentas náuseas y vómitos, y tu frecuencia cardiaca y tu presión arterial se disparan. Luego, en algunos casos, llega la muerte. ¿Arriesgarte a eso por un día en la playa? No, gracias. Si vas a una playa australiana hoy, en lugar de personas, encontrarás los cuerpos de miles o decenas de miles de medusas. El olor mismo es suficiente para alejar a la gente.

Cerca de la Gran Barrera de Coral se encuentra otro sitio considerado como Patrimonio de la Humanidad: los trópicos húmedos de la selva tropical de Queensland. Mientras que el arrecife se extendía lateralmente a lo largo del lecho marino, la selva tropical se extendía verticalmente por las empinadas laderas de las montañas costeras del noreste de Queensland, cuyos picos se elevan de manera abrupta desde el nivel del mar hasta más de 1 milla [1,600 metros] de altura. Una comunidad vegetal única había evolucionado en los picos al extraer la humedad directamente de las nubes que cubrían estos picos.

La selva tropical alguna vez fue el hogar de setecientas especies de plantas, muchas de las cuales no se encuentran en ningún otro lugar de la Tierra. Algunas no habían cambiado desde la época de los dinosaurios. Pero a medida que se incrementaban las temperaturas, la capa de nubes de la que dependían los árboles, las ranas, las serpientes e incluso los microbios en el suelo, se elevó más, luego quedó fuera de su alcance y finalmente se quemó. Más de tres cuartas partes de las especies de aves del bosque se extinguieron. Criaturas tales como el pergolero dorado, el casuario, el ave fusil de la reina Victoria, el tilopo magnífico, el estornino lustroso, el talégalo de Reinwardt, el alción colilargo, la zarigüeya de cola anillada verde, la zarigüeya de rayas, el canguro arborícola, el canguro rata almizclado, la zarigüeya de cola anillada cobriza, el betong del norte, y los seis planeadores: el planeador de caoba, la ardilla planeadora, el petauro gigante, el pósum pigmeo acróbata, el petauro del azúcar y el planeador de panza amarilla... todos éstos y muchos otros se han ido de los trópicos húmedos de Queensland y de nuestro planeta para siempre.

Doctora Landry, la Unión Internacional para la Conservación de la Naturaleza está dedicada a la conservación de especies, pero este siglo ya ha sido testigo de la mayor extinción de especies desde el final del Cretácico, hace sesenta y cinco millones de años. Perdóneme si soy indiscreto, pero ante tantas pérdidas masivas, ¿cómo mantiene el equilibrio y la motivación?

Como bien sabe, mi predecesora encontró tan difícil responder a esa pregunta que se quitó la vida. Los pocos que estamos todavía en el área de conservación entendemos que estamos trabajando mucho más allá del triaje, que lo mejor que podemos esperar es salvar una pequeña muestra de la diversidad de vida que alguna vez existió, y la única forma en que podemos hacerlo es tratando de preservar las especies en los zoológicos. ¿Qué nos hace seguir adelante entonces? Supongo que la conciencia de que si no intentamos salvar las pocas especies que podemos, ¿quién lo hará? Pero ¿por qué salvar especies?, me pregunta la gente, ¿no es un gesto inútil? Es como preguntarle a una persona religiosa por qué tiene fe. Ambas determinaciones provienen de lo más profundo. En realidad, no puedes explicar tu fe a otra persona; en cambio, es algo que te hace actuar porque crees en ello.

¿Haría un repaso para mis lectores del estado general de la extinción de especies durante este siglo de calentamiento global?

Comenzaré hablando en general y luego daré algunos ejemplos de entre las decenas de miles de extinciones del siglo XXI. Empezaré por los pájaros. Cada especie de ave tiene un hábitat determinado, una combinación particular de temperatura, precipitaciones, vegetación, vida de insectos y similares, en el que prospera. Cuando los hábitats de las tierras bajas se vuelven demasiado cálidos, una comunidad de plantas puede moverse cuesta arriba hacia pendientes más altas que encuentran más frías —en caso de que existan tales pendientes—, y las aves pueden seguirlas. Pero finalmente esta estrategia cae víctima de la geometría. Cuanto más alto asciende una especie a una montaña, menor es el área que hay en cualquier elevación: piense en un cono volcánico que se eleva hasta un vértice. La reducción del hábitat inevitablemente aglomera a los individuos y a las especies, y eso por sí solo causa extinciones. Pero a medida que la temperatura sigue aumentando, los hábitats simplemente migran a la cima de la montaña y desaparecen, llevándose consigo a las especies dependientes. Eso es lo que sucedió no sólo en la selva tropical de Queensland, sino también en las regiones montañosas y en las islas de todo el mundo.

Uno pensaría que las aves, al volar, podrían seguir fácilmente su hábitat a medida que cambia. Si se calentaba demasiado en un lugar, una especie podría simplemente mover su área de distribución a un lugar más fresco. El problema es que 80 por ciento de las aves son sedentarias: vuelan mal o prefieren la vida en el suelo o en la maleza a vivir en las copas de los árboles. A medida que aumentaban las temperaturas y los hábitats migraban, estas aves no tenían forma de seguirlos. Un gran número de especies de aves ya se ha extinguido y muchas más están al borde del abismo. De los miles de especies de aves que existían a principios de siglo, estimamos que la mitad está extinta en la actualidad. Hace tiempo que se veía venir, ya lo habíamos previsto. Un estudio científico publicado en 2019 encontró que una cuarta parte de las aves de América del Norte (tres mil millones de adultos reproductores) habían muerto debido a la interferencia de los humanos en los cincuenta años previos. El chingolo gorgiblanco, amado por todos los observadores de aves y común en los comederos de los patios traseros, perdió noventa y tres millones de individuos. Recuerde, esto fue tan sólo en un continente, en América del Norte, y gran parte de la pérdida ya se había producido antes del calentamiento global. ¿Alguno de los negacionistas tomó nota de este holocausto aviar y decidió que podría tener algo que ver con el calentamiento global? No, eran personas dispuestas a sacrificar el futuro de sus nietos por el bien de su ideología, y ¿qué importaban las aves, de cualquier manera?

Me estremezco al imaginar qué tan pocas aves quedarán en el mundo al final de este siglo de muerte. Un autor del siglo XX escribió sobre una primavera silenciosa. Es posible que estemos frente a un futuro en el que los bosques, las laderas de las montañas, los humedales, las sabanas y otros hábitats de aves se queden en silencio no sólo durante la primavera, sino durante cada estación y por toda la eternidad.

Decenas de miles de otras especies animales, grandes y pequeñas, también se han extinguido; nadie sabrá jamás cuántas. Se estimó que los devastadores incendios en Australia a fines de 2019 mataron a mil millones de animales, incluidos el koala, el canguro y muchas otras especies que no existen en ningún otro sitio. Pero ¿penetró este terrible hecho en los corazones duros de los negacionistas que eran parte del gobierno en Australia y de los medios de comunicación? No. Sólo intentaron encontrar a alguien más a quien culpar por los incendios.

Cuando el calentamiento global comenzó a acelerarse, a principios del siglo XXI, el oso polar se convirtió en la especie icónica amenazada. Ahora ha desaparecido, el último de su especie fue visto en la naturaleza en 2031. Doce especies de pingüinos se han extinguido: el pingüino de los Galápagos, el pingüino emperador, los pingüinos saltarrocas del norte y del sur, el pingüino de Fiordland, el pingüino de las Snares, el pingüino de las Antípodas, el pingüino macaroni, el pingüino real, el pingüino azul de patas blancas, el pingüino ojigualdo, el pingüino africano y el pingüino de Humboldt. Los lectores pueden encontrar aburrido que les recite estas listas con nombres de especies, pero cuando pronuncio sus nombres hablo por ellos para evitar que se pierdan en la memoria humana. Como Maya Lin, quien diseñó el antiguo Monumento a los Veteranos de Vietnam en Washington, D.C., con el nombre de cada soldado caído tallado en piedra, quiero grabar los nombres de estas especies caídas en la piedra de la historia.

Tendemos a centrarnos en la pérdida de especies más grandes y carismáticas, como el gorila de montaña y el orangután, ambos extintos en su estado salvaje, aunque ambos fueron víctimas tanto de la caza furtiva desesperada y de la negligencia del gobierno como del calentamiento global.

En el extremo opuesto de la escala de tamaño, el pequeño pica, un diminuto mamífero que vivía en pilas de rocas de la alta montaña y que era el favorito de los excursionistas en sus Montañas Rocallosas, ya no existe. Los hábitats de los picas se movieron cuesta arriba y desaparecieron, o se movieron hacia el norte, pero este pequeño animal no pudo seguirlos. En toda su vida, un pica podría haberse movido no más de un kilómetro y, para sobrevivir al calentamiento global, habría tenido que viajar mucho más lejos que eso, lo que dejó a la supervivencia muy fuera de su alcance. Hablo por el pica y lamento su pérdida.

El magnífico tigre de Bengala fue visto por última vez en el manglar de Sundarbans, en el sur de Bangladesh, en 2038. Pero ¿quién registra la pérdida de especies de Sundarbans menos conocidas, como el cocodrilo de estuario, la tortuga de río, el delfín del río Ganges, la serpiente cara de perro y el gecko ratón? Por cada especie que sabemos que se ha extinguido, la lógica dice que un innumerable número de otras especies que todavía nos faltaba descubrir se han extinguido también.

El mayor porcentaje de extinciones puede haber ocurrido sin que pudiéramos verlas, en los océanos. Cuanto más dióxido de carbono absorbe el agua de mar, más ácida se vuelve, lo cual disuelve las conchas de carbonato de calcio de los organismos marinos, incluidos los arrecifes de coral. Este proceso ha provocado la extinción de muchas especies de plancton, estrellas de mar, erizos, ostras, pólipos de coral, además de especies más grandes, como los calamares que se alimentan de ellos. Nadie tiene idea de cuántas especies ha cobrado el océano ácido, pero el número seguramente debe ser astronómico.

Muchas especies de los peces más grandes que alguna vez sirvieron de alimento para los humanos también se han extinguido. A medida que la competencia por la comida se volvía más feroz, las naciones comenzaron a ignorar los tratados que les habían impedido pescar una especie. Como muestra, permítame mencionar el número de especies extintas de ballenas y cetáceos: la ballena franca glacial, la ballena franca austral, la ballena de Groenlandia, la ballena azul, el rorcual común, el rorcual norteño, la ballena jorobada y el cachalote. Entre los demás cetáceos, la vaquita, el baiji, el delfín del Indo, el delfín del Ganges, el boto o delfín rosado, el delfín del Plata, el tucuxi, el delfín de Héctor, el delfín rosado de Hong Kong y el delfín jorobado del Atlántico.

Podría seguir enumerando las especies individuales que sabemos que se han extinguido, pero haría falta el resto de su libro e incluso una enciclopedia. Lo que diré en cambio es que el planeta ha perdido no sólo especies individuales, no sólo ecosistemas sino, en algunos continentes, grupos enteros de ecosistemas. Para esta aniquilación, sólo una palabra sería suficiente: *biocida*.

A principios de siglo, los científicos intentaron predecir cuántas especies podrían perderse. Observaron especies que ya estaban en peligro e intentaron imaginar cómo podría afectarlas el calentamiento global. No previeron que se quemaría casi toda la Amazonia, que las praderas del interior de Australia y el Sahel volverían a convertirse en desierto, que 620 millas [1,000 kilómetros] del sistema Murray-Darling simplemente se secarían, que el delta del río Colorado se secaría, que grandes extensiones de bosques arderían. No imaginaron que la falta de agua conduciría a la guerra, y mucho menos a la guerra atómica, que destruyó toda la vida en algunas secciones del Punjab, incluida la de innumerables especies.

La proyección del peor de los casos a principios de siglo fue que el calentamiento global costaría un tercio del total de las especies. Por supuesto, nadie sabía entonces cuántas especies tenía realmente la Tierra. Los científicos habían nombrado sólo alrededor de dos millones; las estimaciones del total variaban entre cinco y treinta millones. La mejor estimación de la Unión Internacional para la Conservación de la Naturaleza actual es que alrededor de dos tercios de las especies existentes en el año 2000 están ahora extintas. Si tomamos el punto medio del rango de cinco a treinta millones —diecisiete millones quinientas mil— como la estimación más aproximada, dos tercios corresponden entonces a alrededor de doce millones de especies, no individuos, no me refiero a eso, sino a especies. El número de individuos perdidos es como las estrellas en los cielos.

La Unión Internacional para la Conservación de la Naturaleza solía mantener una Lista Roja de especies particularmente amenazadas, pero la abandonó al considerarla inútil. En 2005, la Lista Roja contenía doce mil doscientas especies y otras seis mil trescientas en peligro de extinción, es decir, cuya supervivencia dependía de que otra especie en peligro también sobreviviera. Estimamos que 95 por ciento de la Lista Roja y las especies codependientes se han extinguido.

Pero doctora Landry, cualquier lector bien podría preguntar: ¿dónde está su sentido de la proporción? Cientos de millones de seres humanos han muerto también y el mundo está lleno de refugiados climáticos, millones de los cuales están destinados a morir de manera prematura. ¿No palidece la pérdida de una sola especie en comparación con la mayor pérdida de vidas en la historia humana? Permítame desafiarla a defender una especie elegida al azar: ¿qué nos importa a los humanos la extinción de la zarigüeya de cola anillada verde proveniente de los trópicos húmedos de Queensland? ¿De qué nos servía?

Ésa es una pregunta que los conservacionistas se hacen constantemente. Es nuestra pregunta fundamental y cada uno de nosotros tiene que responderla por sí mismo. Lo que voy a decir es mi propia respuesta, profundamente personal. Por supuesto, debemos preservar las especies y los ecosistemas porque tienen beneficios prácticos, aunque no sepamos de antemano cuáles pueden ser esos beneficios. Medicamentos vitales, vacunas y otros productos similares provienen de especies raras. Una estimación a principios de siglo afirmaba que las selvas tropicales suministraban alrededor de 25 por ciento de nuestras medicinas. Pero los científicos habían podido examinar sólo a 1 por ciento de las especies. ¿Quién sabe qué medicinas importantes faltaban por descubrirse todavía? Y ahora nadie lo hará jamás, porque las especies que podrían haberlas proporcionado se han extinguido.

Pero entiendo que, por lo que sabemos y siempre sabremos, la pequeña zarigüeya que usted nombró no proporcionaba tales beneficios. Entonces, su pregunta es justa: ¿de qué servía la zarigüeya de cola anillada verde? En mi opinión, hay dos respuestas, y una o ambas son suficientes. Una persona religiosa cree que Dios creó toda la vida en la Tierra, incluida la zarigüeya. En las palabras de un antiguo himno, el "ojo de Dios está sobre el gorrión": Él cuida incluso a las más humildes de Sus criaturas y debería ser obligación sagrada de cada persona devota hacer lo mismo. Al honrar a Sus criaturas, lo honramos a Él. ¿Qué derecho tenemos a destruir las creaciones de Dios y reemplazar Su plan con el nuestro? Quizá Su juicio se base en lo bien que hemos servido como administradores de la Tierra y de todas Sus criaturas. Si es así, la humanidad está condenada al fuego del infierno eterno, porque hemos fallado abismalmente. Pero quizás el infierno ya esté con nosotros. Quizás esto, y lo que le espera a nuestro planeta, sea el infierno, la terrible retribución de Dios por nuestro fracaso.

Ahora bien, es cierto que el plan de Dios debe haber incluido la extinción, porque la gran mayoría de las especies que alguna vez existieron se han extinguido de forma natural. Misteriosos son Sus caminos. Pero el hecho de que exista la extinción natural no justifica que la raza humana se haga cargo del calendario de Dios y sus prerrogativas. Uno puede imaginarse al Dios del Antiguo Testamento resonando desde los cielos: "¿Y tú, quién te crees que eres?".

Pocos científicos, incluso entre los más religiosos, creen en una interpretación tan literal de la Biblia, y yo soy de ésos. En cambio, aceptamos que la zarigüeya y todas las demás criaturas de la Tierra son el producto de millones de años de evolución. Algunos incluso creen, como yo, que dada la cantidad de eventos aleatorios que tuvieron que ocurrir para generar formas de vida avanzadas como la zarigüeya y el *Homo sapiens*, es poco probable que los mamíferos, digamos, existan en cualquier otro lugar del universo. Aquellos que sostenemos este punto de vista vemos la vida en la Tierra tan milagrosa y magnífica como aquellos que creen que es creación de Dios. No deseamos ser responsables de la extinción descuidada de especies que se han estado gestando desde hace cuatro mil millones de años.

En términos personales, creo que vale la pena preservar la vida, toda la vida, incluida la zarigüeya de cola anillada verde. Para mí, no creer eso es considerar que la vida misma no tiene sentido y entonces es mejor no creer en nada, una opción que han tomado muchos hoy en día. Cualquiera que sea su sistema de creencias, si la vida importa, no puede señalar una especie y decir que ésa en particular no importa. Todas importan. Si la zarigüeya de cola anillada verde no importa, entonces la vida no importa, usted y yo no importamos, y la Tierra, el único planeta que tiene vida inteligente, no importa. Yo no puedo aceptar esa filosofía y seguir viviendo.

Doctora Landry, mientras charlábamos antes de la entrevista, me habló de un tema del que usted querría hablar, uno que podríamos llamar un tipo diferente de extinción animal. Permítame darle ahora esa oportunidad.

Gracias por recordarlo. Esto parecerá ser un cambio de tema y tal vez lo sea, pero necesito sacarlo de mi pecho. Cuando pienso en el triste destino de las especies en peligro de extinción, recuerdo otro grupo de animales por los que tengo un cariño especial y que también se han convertido en víctimas del calentamiento global. Hablo de nuestras mascotas. No es de lo que usted me pidió que hablara, así que ya decidirá si lo incluye o no. Como amante de las mascotas, una persona que alguna vez convivió con gatos, perros y caballos, este tema es tan doloroso de discutir para mí como cualquiera de los muchos temas dolorosos que aparecerán en su libro. Me rompe el corazón hablar de ello, pero hay que decirlo.

Usemos como estudio de caso el destino de las mascotas en Nueva Orleans durante uno de los primeros desastres relacionados con el clima: el huracán Katrina, en 2005. Una encuesta realizada el año siguiente encontró que casi la mitad de las personas que optaron por no evacuar Nueva Orleans se quedaron porque no podían soportar la idea de abandonar a sus mascotas. Piense en eso. Nada habla tan fuerte del vínculo que los humanos hemos formado con los animales. Aun así, la Sociedad para la Prevención de Crueldad con los Animales de Luisiana estimó que más de cien mil mascotas fueron abandonadas y hasta setenta mil murieron a lo largo de toda la costa del golfo. Éste fue un macabro presagio de lo que estaba por venir.

A estas alturas, la Tierra ha experimentado innumerables desastres climáticos en la escala de Katrina, cada uno de los cuales ha cobrado su precio en vidas humanas y propiedades, pero sobre todo en las mascotas. Al igual que después de la caída de Berlín, cerca del final de la Segunda Guerra Mundial, en la mayoría de las grandes ciudades de la actualidad no se ve ni un perro ni un gato, sólo las ratas han sobrevivido. Tener una mascota es ahora cosa del pasado, y los perros y gatos que quedan se han vuelto salvajes y están condenados.

Confieso que tengo un punto de vista que podría parecer extraño para semejante vieja estirada, como me dicen mis amigos. Proviene en parte del registro histórico de la domesticación del perro, algo que conozco como científica. La evidencia más antigua conocida data de hace catorce mil trescientos años y muestra a humanos enterrados junto a un perro. Los únicos restos humanos encontrados en el famoso Rancho La Brea, en Los Ángeles, datan de hace unos diez mil años y eran de una mujer enterrada con un perro, lo que sugiere un entierro ceremonial. Tener una mascota es una cosa, querer llevarla contigo al Gran Más Allá es otra muy distinta, y habla de un vínculo entre humanos y animales que trasciende la vida misma, algo que es eterno.

En mi opinión, verá, nuestros ancestros hicieron un pacto implícito con los primeros lobos que se volvieron lo suficientemente mansos como para ser domesticados. Piense en ello como un pacto de beneficio mutuo: "Si vienes del frío y te haces amigo de los de nuestra especie, haremos todo lo posible para albergar, alimentar y proteger a los de tu especie. Estamos juntos en esto". Le dijimos lo mismo al caballo. Y ahora piense en lo que el perro y el caballo han hecho por nosotros a lo largo de la historia. La humanidad ha roto voluntariamente estos pactos ancestrales y, si hay un Dios, dudo que nos perdone... no debería hacerlo.

NOVENA PARTE

UNA VÍA DE ESCAPE

Mirada a Suecia I

Para terminar este libro, entrevisté al doctor Robert Stapledon y a su esposa, la doctora Rosetta Stapledon, quienes fueron profesores de la Universidad de Toronto hasta su jubilación, a finales de la década de 2060. La especialidad académica de él fue la producción de energía; la de ella, la historia de los intentos fallidos de los gobiernos para limitar el aumento de la temperatura global a 3.6 °F [2 °C] a través de la Organización de las Naciones Unidas, el Acuerdo de París sobre el Cambio Climático y el efímero Nuevo Pacto Verde, entre otros.

Robert y Rosetta, como me han pedido que me dirija a ustedes, como bien saben, ustedes tendrán la última palabra en esta historia oral del Gran Calentamiento. Una pregunta ha surgido en cada entrevista que he realizado, una que siempre está en la boca de nuestros hijos y nietos. Es algo más o menos como esto: "Abuelo (en mi caso), la gente sabía que el calentamiento global sería algo malo, ¿por qué no lo detuvieron?".

Mi pregunta para ustedes es si se podría haber detenido. ¿Cuándo fue la última vez que las naciones pudieron al menos tratar de limitar el calentamiento global? ¿Hubo un punto de no retorno y cuándo se sobrepasó? Robert, permíteme pedirte que empieces por allí.

Robert: Como estoy seguro de que te han dicho muchos de tus entrevistados, esta charla nos da la oportunidad de hablar de algo importante que se calla, en nuestro caso, para poner una coda a nuestro trabajo académico y nuestras carreras. Si sonamos bien ensayados, es porque ya hemos pasado por muchas cenas familiares y conversaciones en la sala de profesores alrededor de las grandes preguntas que planteas.

Uno de los intentos del mundo por responder a estas preguntas fue el Acuerdo de París sobre el Cambio Climático, sobre el que Rosetta te hablará más. Su objetivo había sido limitar el calentamiento global a 2.7 °F [1.5 °C] por encima de las temperaturas preindustriales. Pero ya a finales de la década de 2010, los científicos habían llegado a la conclusión de que, sin importar lo que se hiciera, el aumento de temperatura iba a cruzar ese nivel en 2040, más o menos. Como ahora sabemos, tenían razón. Ese calor ya se había gestado, se podría decir, y la oportunidad de cumplir con ese objetivo ya había pasado. El siguiente objetivo fue un aumento de 3.6 °F [2 °C], que se podía alcanzar SI —utiliza mayúsculas para resaltar el *SI*— las emisiones ya hubieran alcanzado su punto máximo y hubieran comenzado a disminuir para 2020. El trabajo tenía que comenzar en ese momento, o cada año subsiguiente de retraso ocasionaría que el objetivo fuera más difícil de alcanzar, y en una década más o menos, imposible. Entonces, cuando los académicos como yo miramos hacia atrás, juzgamos que 2020 fue un punto sin retorno.

Rosetta: El problema era que, como en todos los antiguos pactos internacionales sobre el clima, comenzando por el que surgió de la Cumbre de Río en 1992, el Acuerdo de París no requería que sus firmantes hicieran nada en particular. Las naciones no tenían que establecer objetivos específicos de reducción de emisiones, sólo objetivos que iban más allá de los anteriores, y si una nación no los cumplía, no había sanción. En otras palabras, como todos los pactos internacionales, el Acuerdo de París fue completamente voluntario.

Se abrió a los firmantes en 2015 y entró en vigor en 2020. El presidente Trump había retirado a Estados Unidos del acuerdo, pero debido al retraso incorporado, la retirada no se produjo sino hasta 2020. Sin embargo, incluso antes de esa fecha, las señales de peligro ya habían comenzado a aparecer.

Un informe de 2017 mostró que ni un solo país importante estaba en camino de cumplir sus promesas de París. En 2018, las emisiones de carbono de Estados Unidos aumentaron más de 3 por ciento, a pesar de que se habían cerrado varias plantas de carbón. El pobre progreso del acuerdo en Estados Unidos y los otros países mostró cuán profundamente los combustibles fósiles estaban arraigados en las economías de las naciones industrializadas y cuán difícil sería desplazarlos. Cuando las economías mejoraban, las emisiones de CO_2 aumentaban y viceversa, en un abrazo mortal que necesitaba ser cortado, algo que las naciones del mundo no tenían la voluntad de hacer.

En 2023, los firmantes de París llevaron a cabo un "balance" programado sobre el progreso. Varias naciones pequeñas habían logrado alcanzar sus objetivos, pero Estados Unidos, China, India y Japón se habían quedado rezagados y su brecha colectiva superaba todos los recortes que las otras naciones habían aplicado.

El problema real fue que el Acuerdo de París sólo llegó hasta 2030. Se suponía que después de que las naciones hubieran cumplido voluntariamente el primer conjunto de objetivos, su éxito los alentaría a acordar reducir aún más las emisiones después de 2030. Hoy sabemos que esas promesas iniciales no se cumplieron y que se perdió una de las últimas oportunidades de la humanidad para contener el calentamiento global.

Había otro problema que la gente a menudo no consideraba en esos días. Como ejemplo, usaré a India, cuya población en 2020 alcanzó los mil cuatrocientos millones. Su gente, por supuesto, quería tener las mismas ventajas que los países desarrollados, que habían utilizado el consumo de combustibles fósiles para sacar a su población de la pobreza y proporcionarle electricidad, refrigeración, aire acondicionado, automóviles, hospitales, vivienda, y todo lo demás. ¿No tenía el pueblo de la India el mismo derecho moral a esos beneficios que los estadunidenses o los australianos? ¿Deberían los indios haber renunciado a esos beneficios, sacrificándose por los países que habían creado el problema del calentamiento global en primer lugar?

Independientemente de dónde se pronunciara una persona sobre estas preguntas, eran los líderes de la India quienes decidirían y lo hicieron en 2017: "Alrededor de tres cuartas partes de la energía de la India proviene de plantas de carbón y este escenario no cambiará significativamente durante las próximas décadas. Por lo tanto, es importante que India aumente su producción nacional de carbón". Sin considerar la guerra, ¿cómo podría una nación o grupo de naciones haber impedido que India construyera esas plantas de carbón? La única forma habría sido mostrarles a los indios que había una forma mejor que el carbón para generar electricidad.

Robert: A partir de 2020, aunque otras formas de generar electricidad —como la acción de las olas o las mareas, el hidrógeno como combustible, y tantas más— estaban sobre el tablero, las fuentes comprobadas eran los tres combustibles fósiles: carbón, petróleo y gas natural, y aquellos que podrían considerarse renovables: energía hidroeléctrica, eólica, solar, biomasa, nuclear y geotérmica. Era de esta última lista de la que tenía que venir la salvación.

Los científicos habían demostrado que si las emisiones podían reducirse a la mitad en cada década a partir de 2020, y si mejores prácticas agrícolas y forestales podían capturar más CO_2 del aire, las emisiones de combustibles fósiles se podrían reducir a cero en 2050: problema resuelto, humanidad salvada. Por lo tanto, la pregunta inmediata era cuál de las tecnologías de combustibles no fósiles, individualmente o en combinación, estaba lista para funcionar y podría incrementarse lo suficientemente rápido como para reducir a la mitad las emisiones de CO_2 a partir de los años veinte.

Antes de responder a eso, necesito decir algo sobre el gas natural, que en la década de 2010 se había utilizado principalmente como una forma alternativa para evitar el carbón. El gas natural no era una solución a largo plazo, porque también es un combustible fósil. Emite aproximadamente la mitad de CO_2 que el carbón, por lo que cambiar al gas natural en lugar del carbón sólo retrasa el aumento de la temperatura global. Era como si un fumador hubiera reducido a un paquete por día en lugar de dos: seguiría siendo probable que el fumador muriera de cáncer de pulmón, sólo que le tomaría más tiempo.

La energía hidroeléctrica no contiene CO_2, pero tiene sus desventajas: destruye los ríos salvajes y sus ecosistemas, desplaza a los nativos indígenas y es enormemente cara. Y, a la larga, los embalses se llenan de sedimentos y dejan de generar energía, por lo que, en el mejor de los casos, es una solución temporal. Además, en este siglo, la mayoría de los sitios buenos ya habían sido represados. Las represas hidroeléctricas existentes podrían ser parte del esfuerzo por alcanzar cero emisiones de combustibles fósiles, pero sólo una parte. Y en el suroeste de Estados Unidos, por ejemplo, el calentamiento global había reducido tanto el flujo del río Colorado que la presa Glen Canyon dejó de generar energía en 2035. A partir de la década de 2030, la presa Hoover a menudo caía por debajo de su reserva de energía, lo que dejaba a la gente en Las Vegas y Phoenix sin suficiente agua ni electricidad. Así pues, la energía hidroeléctrica no era la panacea que alguna vez se había considerado.

La energía geotérmica funcionaba en países como Islandia, que tenían vulcanismo activo, pero la mayoría de los países no contaba con eso. La quema de biomasa tenía un lugar, pero no podía ampliarse lo suficiente y tan rápido como se necesitaba. Eso dejaba tres fuentes de energía naturales inagotables o prácticamente inagotables: la eólica, la solar y la nuclear.

Rosetta: Mi apellido de soltera, Malmquist, es una pista de la historia. Soy de ascendencia sueca y Suecia había demostrado cómo eliminar las emisiones de combustibles fósiles e incluso permitir que países como la India tuvieran la energía eléctrica que necesitaban y merecían. En mis archivos, tengo un informe pericial escrito hace sesenta y ocho años titulado: "¿Cómo descarbonizar? Mirada a Suecia".

En los años sesenta y setenta del siglo pasado, mi abuelo Ingmar Malmquist era ingeniero en Vattenfall, la empresa de servicios públicos sueca. En muchas reuniones familiares escuchamos sus historias sobre cómo Suecia había liderado el camino, pero qué tan pocos lo habían seguido. En su época, Suecia obtenía gran parte de su electricidad de las represas hidroeléctricas en las montañas del norte. Ésa fue una ventaja de la que disfrutaron muchos países montañosos, especialmente aquellos cuyos picos tenían glaciares que servían como depósitos de agua congelada. La preocupación por el calentamiento global provocado por el hombre aún no estaba en el horizonte, ni siquiera para la mayoría de los científicos. En la década de 1960, Vattenfall planeó construir represas en más ríos para generar la energía adicional que Suecia necesitaría en los próximos años, pero la década de 1960 también fue una época de creciente conciencia ambiental en todas partes. Los conservacionistas suecos habían comenzado a señalar las serias desventajas de las represas hidroeléctricas. Sus protestas llevaron a Vattenfall a aceptar renunciar a sus planes de nuevas represas y los conservacionistas acordaron no oponerse a sus otros proyectos energéticos.

Pero, si no era la energía hidroeléctrica, ¿qué podría proporcionar la electricidad adicional que Suecia necesitaría? La gente de la época de mi abuelo quería reducir la dependencia de Suecia del petróleo importado. Esto fue en la época de la crisis mundial del petróleo de 1973, recuerde. Suecia podría haber expandido la minería del carbón, pero en cambio tomó una decisión diferente, una que tenía el beneficio no buscado de reducir las emisiones totales de CO_2.

Desde 1960 hasta mediados de la década de 1970, las emisiones de CO_2 de Suecia por persona aumentaron al mismo ritmo que su producto interno bruto, lo cual nuevamente muestra cómo los dos estaban vinculados. Sin embargo, en 1990 el producto interno bruto por habitante se había duplicado, mientras las emisiones de CO_2 y el CO_2 como porcentaje de la producción total de energía se habían reducido aproximadamente a la mitad. Suecia había cortado el nudo gordiano que ataba progreso económico y consumo de combustibles fósiles. Había conseguido en quince años lo que el mundo necesitaba hacer en la década de 2020 y más allá. Y Suecia lo había hecho sin enfrentarse a la amenaza urgente del calentamiento global provocado por el hombre.

Pero Rosetta, ¿a qué tuvo que renunciar Suecia para lograr esos resultados?

A nada. En 1975, el producto interno bruto por habitante en Suecia era aproximadamente el mismo que el de Estados Unidos. Durante los siguientes cuarenta años, los dos crecieron al mismo ritmo. Dado que el producto interno bruto per cápita es un buen indicador de la calidad de vida, en esos cuarenta años Suecia logró la misma mejora en el nivel de vida que Estados Unidos, pero lo hizo al tiempo que reducía de manera drástica las emisiones de CO_2. Y lo lograron utilizando reactores nucleares.

La energía nuclear era libre de carbono de la misma manera que la hidroeléctrica, más barata que el petróleo, mucho menos perjudicial para la salud que el carbón, tan concentrada que produce pocos residuos, y una tecnología probada y extendida. Es cierto que cualquier asunto nuclear siempre fue controvertido, pero en la década de 1970 aún no se había convertido en un anatema para los ambientalistas.

A partir de la década de 1970, Suecia construyó doce reactores nucleares comerciales en cuatro sitios. En la década de 1980, el costo de la electricidad en Suecia se había reducido a uno de los más bajos del mundo. El costo de funcionamiento de las plantas nucleares era más bajo que el de cualquier otra fuente de energía que no fuera la energía hidroeléctrica existente. Suecia retiró sus plantas de combustibles fósiles y, con el tiempo, duplicó su consumo de electricidad, incluido un aumento de cinco veces en el uso de electricidad de generación nuclear para calefacción.

Pero Suecia es un país pequeño. ¿Podría la solución nuclear funcionar también para naciones más grandes?

Sí, como sabemos gracias a Francia, que también se dedicó fuertemente a la energía nuclear en la década de 1970 y construyó cincuenta y seis nuevos reactores en quince años, lo que redujo considerablemente sus emisiones y el costo de la electricidad. Otro ejemplo es Ontario, donde vivimos nosotros. Entre 1976 y 1993, Ontario construyó dieciséis nuevos reactores, lo que permitió que la energía nuclear suministrara 60 por ciento de la energía de la provincia, mientras la energía hidroeléctrica existente se encargaba de la mayor parte del resto. Los combustibles fósiles estaban desapareciendo.

Estos experimentos demostraron que un aumento mundial de la energía nucleoeléctrica al mismo ritmo que lo habían hecho esos países, podría reemplazar a los combustibles fósiles en alrededor de veinticinco años.

¿Y el resto del mundo? ¿Otros países también habían abrazado la energía nuclear?

A fines de la década de 2010, treinta y un países estaban operando cuatrocientos cuarenta y nueve reactores de generación de energía y producían alrededor de 10 por ciento de la electricidad mundial. Del número total, noventa y nueve de esos reactores estaban en Estados Unidos, donde generaban 20 por ciento de la electricidad. Por lo tanto, aunque para muchas organizaciones ambientalistas la energía nuclear estaba fuera de discusión, en la década de 2010 su uso era generalizado, exitoso y creciente. Lo que se necesitaba era más.

Incrementar la energía nuclear siguiendo el modelo de Suecia y Francia sólo podría haberse hecho con la suficiente rapidez en países que ya tenían experiencia con regulaciones y licencias nucleares. Casi todos los grandes emisores de carbono cumplían esos requisitos.

Robert y Rosetta, si pudiera hacer un resumen antes de que tomemos un descanso, lo que ustedes están diciendo es que varios países, entre los que se encuentran incluidos Canadá, Francia y Suecia, han demostrado que una expansión de la producción de energía nuclear podría haber reducido las emisiones de combustibles fósiles lo suficiente entre 2020 y 2050 para mantener el aumento de la temperatura global por debajo de 3.6 °F [2 °C] y eliminar el uso de combustibles fósiles. Más de dos docenas de países, incluidos Estados Unidos, China, Rusia y la India, tenían la experiencia y los controles necesarios. Y, sin embargo, no se hizo. Debo decirles que esto es algo muy difícil de escuchar. Seguramente, para evitar lo que en retrospectiva parece haber sido la única salida, las personas de entre diez y veinte años deben de haber tenido una muy buena razón para no recurrir a la energía nuclear. Cuando regresemos, les pediré que me expliquen ese motivo.

Mirada a Suecia II

Robert y Rosetta, para reiterar la pregunta con la que terminamos ayer: si siguiendo el ejemplo de Suecia en particular, la producción de energía nuclear hubiera podido aumentar lo necesario y lo suficientemente rápido como para haber eliminado el consumo de combustibles fósiles en 2050, ¿por qué no se hizo?

Robert: La respuesta es simple: porque la gente le tenía miedo a todo lo nuclear. Esta actitud persistió a pesar de que, como discutimos la última vez, la práctica real en más de dos docenas de países había demostrado que las razones detrás del prejuicio eran infundadas. Este miedo, combinado con la continua negación del calentamiento global provocado por el hombre, retrasó su eventual aumento y provocó que se comenzara demasiado tarde.

Analicemos las objeciones a la energía nuclear una por una. Recuerda, estoy hablando aquí de lo que la gente sabía, o debería haber sabido alrededor de 2020, momento en el que los reactores nucleares ya habían estado en uso durante sesenta años. Tenemos una extensa biblioteca de informes y artículos antiguos de ese periodo a los que me referiré cuando sea necesario, para mostrar que lo que estoy diciendo no proviene sólo de la memoria defectuosa de un anciano.

Con mucho, la objeción más importante fue la percepción —no el hecho, como mostraré más adelante, sino la percepción— de que la energía nuclear es intrínsecamente insegura. ¿De dónde vino esa actitud? Desde el uso de bombas atómicas en Hiroshima y Nagasaki, en 1945, y la creciente carrera de armamentos nucleares con la Unión Soviética durante la Guerra Fría, la gente de todo el mundo había llegado a temer no sólo los efectos directos de las explosiones de las armas nucleares, sino también la prolongada y peligrosa radiación que éstas liberan. Los niños en las escuelas practicaban "agacharse y cubrirse", como si su pupitre les pudiera proporcionar protección en caso de una guerra nuclear. Durante esas generaciones, el miedo a la radiación nuclear estaba arraigado. Más o menos cada década, un accidente nuclear parecería validar esos temores.

Uno de esos accidentes fue el derretimiento parcial de 1979 de un reactor en Three Mile Island, en el río Susquehanna, en Pensilvania, causado por fallas tanto mecánicas como humanas. El accidente se produjo doce días después del estreno de una película sobre desastres nucleares, titulada *El síndrome de China*, que reforzó los temores de la gente. Pero, de hecho, la estructura de contención en Three Mile Island funcionó como estaba diseñada y el accidente no tuvo efectos inmediatos sobre la salud. Hubo mucha preocupación por los efectos a largo plazo de la radiación liberada, pero los científicos encontraron poca evidencia de ellos tiempo después. Sin embargo, el daño a la percepción ya estaba hecho.

Luego vino el accidente de 1986 en Chernóbil, en Ucrania, cuando todavía era parte de la antigua Unión Soviética. Los soviéticos diseñaron sus reactores para fabricar plutonio para sus armas y, al mismo tiempo, producir energía. Esto requería que usaran grafito para controlar las reacciones nucleares y agua para evitar que el combustible se sobrecalentara, una combinación insegura que otras naciones habían evitado y que invitaba al error del operador. El reactor, a diferencia de Three Mile Island, no tenía recipiente de contención y habría sido ilegal en Estados Unidos.

Durante una prueba con los sistemas de seguridad apagados, el diseño deficiente y los errores del operador provocaron la liberación de una gran cantidad de radiación. Como planta de armas, se suponía que Chernóbil era un secreto, por lo que los funcionarios soviéticos mintieron sobre el accidente y no proveyeron píldoras de yodo que absorben la radiación para proteger a los residentes locales. Un físico bielorruso que trabajaba en Minsk, a casi 300 millas [482 kilómetros] de Chernóbil, se enteró del accidente cuando descubrió que los detectores de radiación fuera de su laboratorio registraban niveles más altos que los del interior. Varias docenas de los primeros en responder en Chernóbil murieron combatiendo los incendios resultantes y luego por haber estado expuestos a la radiación. Estimar el número futuro de muertes por exposición a la radiación en Chernóbil causó una gran controversia, pero en 2005 un equipo de más de cien científicos estimó el número de muertos en cuatro mil. Sin embargo, a finales de la década de 2010, aparecieron libros y películas sobre Chernóbil que reforzaron el miedo a todo lo nuclear. No obstante, Chernóbil no fue una inevitabilidad, sino el producto de un diseño de reactor defectuoso y un sistema político defectuoso.

Luego, en 2011, se produjo un terremoto masivo y un tsunami de 50 pies [15 metros] en Japón, cerca de Fukushima y sus plantas de energía nuclear. La Agencia Japonesa de Seguridad Industrial y Nuclear le había dicho a la Compañía Eléctrica de Tokio, la compañía operadora, que debía asegurarse de que los reactores podrían sobrevivir a un predecible tsunami. Un malecón de 46 pies [14 metros] protegió los tres reactores en el sitio de Onagawa, lo que les permitió cerrar normalmente después del terremoto sin heridos ni pérdidas de vidas. La planta de Daiichi estaba más lejos del epicentro y detrás de un malecón de sólo 20 pies [6 metros] de altura. Todos los generadores de respaldo estaban ubicados detrás de esta pared, que el tsunami superó, con lo que se provocó la falla de los generadores. El gas hidrógeno explotó y rompió el recipiente de contención, liberando radiación en el área circundante y el océano cercano. Los funcionarios japoneses evacuaron a más de ciento cincuenta mil residentes, un proceso que les costó la vida a alrededor de cincuenta personas.

Un estudio de la antigua Organización Mundial de la Salud estimó cuántas personas estaban en riesgo de contraer cáncer a largo plazo debido a la radiación de Fukushima. El informe utilizó el modelo "lineal sin umbral" del peor de los casos a fin de estimar los efectos futuros de la radiación, que suponía que incluso la menor cantidad de radiación era dañina, incluidas las cantidades a las que por lo general estamos expuestos cada día por la quema de carbón o por vivir en suelo granítico, por ejemplo. Se concluyó que el impacto en la salud pública sería pequeño. Por supuesto, cada vida es valiosa, pero eso debería haber motivado a las personas a elegir la fuente de energía que más ahorros representara.

Cada uno de estos accidentes y los avances adicionales en la ingeniería nuclear condujeron a mejoras en la seguridad. Por ejemplo, después del accidente de Chernóbil, los ingenieros desarrollaron reactores de tercera generación "con salida segura" que se apagarían y evitarían una fusión automática durante setenta y dos horas o más.

De cualquier forma que se mire, se demostró que la energía del carbón es mucho más peligrosa que la nuclear. Por ejemplo, durante la experiencia con la energía nuclear entre la década de 1960 y la de 2020, decenas de millones habían muerto por la quema de carbón —sobre todo, por partículas cancerígenas— y la energía nuclear había costado a lo sumo varios miles de vidas. En cuanto a la tasa de muerte por unidad de potencia, el carbón había causado alrededor de treinta muertes por teravatio-hora, mientras que la energía nuclear había causado alrededor de 0.1.

Las personas que querían prohibir el uso de la energía nuclear estaban eligiendo a un asesino conocido y mortal, el carbón, en lugar de una tecnología que había demostrado ser mucho más segura y, en lugar de destruir el mundo, podría salvarlo. Ahora considera en la decisión el número de personas que han muerto y morirán como resultado del calentamiento global. Para salvar las miles de vidas que podrían haberse perdido por accidentes de energía nuclear, y el número real podría haber resultado ser mucho menor, se perdieron cientos de millones, y quizá miles de millones de vidas a causa del calentamiento global. Y todavía no ha terminado.

Más allá de la cuestión de la seguridad, ¿cuáles fueron algunas de las otras preocupaciones sobre la energía nucleoeléctrica?

Robert: Una que se remonta a las décadas de la Guerra Fría fue que el uso generalizado de la energía nuclear conduciría a una proliferación de armas nucleares. Si bien Rusia, Estados Unidos y varias otras naciones ya tenían colectivamente miles de ojivas nucleares, la preocupación era que naciones como Irán pudieran convertir rápidamente reactores de energía nuclear para la construcción de armas. No se trataba de preocupaciones vanas, pero a finales de la década de 2010 el mundo tenía sesenta años de experiencia que demostraban que los programas de energía nuclear no habían conducido a las armas.

Una de las razones fue el éxito de la Agencia Internacional de Energía Atómica (OIEA, por sus siglas en inglés), un organismo de control establecido por la Organización de las Naciones Unidas en 1957 para promover el uso pacífico de la energía nuclear y disuadir de su uso para la guerra. Una historia de éxito ocurrió cuando el OIEA se abalanzó sobre el Irak de Saddam Hussein, pero no pudo encontrar pruebas de que estuviera desarrollando armas nucleares: porque no lo estaba haciendo. Por supuesto, esa conclusión científica entró en conflicto con la ideología política, por lo que fue ignorada y Estados Unidos invadió Irak a un costo de casi dos billones de dólares. Piensa en todo lo que se podría haber hecho con ese dinero.

Regresemos a 1967, cuando cinco naciones habían detonado un arma nuclear: Estados Unidos, la Unión Soviética, el Reino Unido, Francia y China. Fueron los firmantes del tratado original sobre la no proliferación de las armas nucleares, así como los miembros permanentes del Consejo de Seguridad de la Organización de las Naciones Unidas. Más tarde, tres países que no formaban parte del tratado también probaron un arma nuclear: India, Corea del Norte y Pakistán. Se creía que Israel tenía armas nucleares, lo que eleva el total a nueve. Pero ninguno de esos programas ha surgido del uso de reactores de energía nuclear. Los soviéticos lo intentaron y lo que obtuvieron fue el accidente de Chernóbil en su lugar.

Otra preocupación era que se pensaba que la energía nucleoeléctrica no era económica y su desarrollo era demasiado lento en comparación con otras fuentes de energía. Una de las razones por las que la construcción de centrales nucleares había sido tan costosa y consumía tanto tiempo era que en Estados Unidos y algunos países europeos, la resistencia de los grupos antinucleares y el litigio y la demora resultantes hacían que los proyectos superaran sus presupuestos y calendarios. Pero los costos de Suecia eran competitivos con los de otras fuentes de energía, y Corea del Sur y otros habían comenzado a construir reactores más baratos. Suecia decidió construir sus reactores antes de los accidentes que he revisado y, por lo tanto, antes de que se desarrollara un movimiento de protesta sustancial. La conversión a la energía nucleoeléctrica le llevó a Suecia tan sólo entre quince y veinte años.

Un tema que, comprensiblemente, preocupó a la gente fue cómo eliminar los desechos radiactivos de los reactores nucleares. La preocupación se agravó en Estados Unidos. Por la controversia muy publicitada sobre el uso de Yucca Mountain, Nevada, como lugar de eliminación. *Un futuro brillante*, el libro que Rosetta y yo hemos usado como trasfondo, señaló que si toda la electricidad que un estadunidense promedio usaba en su vida en ese entonces provenía del carbón, los desechos sólidos resultantes pesarían 136,000 libras [61,689 kilogramos]. Pero si la misma cantidad de energía hubiera provenido de la energía nuclear, los desechos pesarían alrededor de 2 libras [0.9 kilogramos] y, como dijeron los autores, "cabrían en una lata de refresco".

En los años veinte, los reactores nucleares habían existido durante sesenta años y se habían construido casi quinientos, sin embargo, sólo había habido un puñado de incidentes resultantes de la eliminación de desechos y ninguno había tenido efectos sobre la salud. Varios países estaban desarrollando reactores de cuarta generación que consumirían sus propios desechos. Sí, el desperdicio era algo de lo que había que preocuparse, algo que debía ser monitoreado cuidadosamente, pero no era una razón para renunciar a la energía nuclear.

Rosetta: A principios de este siglo, la gente había comenzado a centrarse más en las "energías renovables", en particular, la solar y la eólica. Éstas eran de importancia crítica, pero para 2020 no se habían desplegado lo suficiente como para darles alguna posibilidad de producir la cantidad de energía libre de carbono necesaria para salvar a la humanidad. Dado que el sol brilla sólo una parte del tiempo y el viento no siempre sopla, cada una de ellas tenía el problema de la "intermitencia", sin una buena forma de almacenar la energía hasta que se necesitara.

Los alemanes se habían inclinado fuertemente hacia las energías renovables, pero las utilizaron para reemplazar la energía nuclear, dejando sin cambios su dependencia de los combustibles fósiles y el mundo peor, no mejor. El viejo Nuevo Pacto Verde había instado a llegar al 100 por ciento de energías renovables en sólo una década, pero eso era irrealizable. Si nuestros predecesores hubieran seguido la ruta nuclear, para cuando se hubieran desecho de los combustibles fósiles en 2050, digamos, la tecnología solar y la eólica habrían avanzado mucho y podrían haber comenzado a reemplazar algunas de las plantas de energía nuclear que estuvieran envejeciendo. El problema de almacenamiento se podría haber resuelto. Si las naciones así lo hubieran decidido, se hubieran podido alejar de la energía nuclear y haber logrado un 100 por ciento de energía renovable.

También existía la creencia común de que la energía nucleoeléctrica era tan controvertida que expandirla era políticamente imposible. Pero si algo era políticamente inviable, era la acción sobre el calentamiento global. Si se hubiera podido superar la resistencia a detener el calentamiento global, una solución nuclear no sólo habría sido factible, sino necesaria. Ésta fue sólo una profecía autocumplida y peligrosa.

Otra forma de reducir la dependencia de los combustibles fósiles era gravar su producción. Entiendo que Suecia también hizo algo así.

Rosetta: Sí, lo hizo. La imposición de impuestos es una forma en que el gobierno puede desincentivar las prácticas indeseables. Los economistas y los científicos del clima habían abogado durante mucho tiempo por gravar la producción de combustibles fósiles en la boca del pozo o en la mina, no en la bomba o el medidor. Sin tal impuesto, el público y no las empresas tenían que pagar todos los costos presentes y futuros del uso de combustibles fósiles. Como alguien dijo, las empresas habían privatizado las ganancias mientras subcontrataban los costos al público, un buen negocio para ellos y una catástrofe para la humanidad.

En 1991, cuando los nuevos reactores estaban produciendo en su punto máximo y después de que sus emisiones de carbono ya habían disminuido mucho, Suecia dio el siguiente paso y se convirtió en uno de los primeros países en adoptar un impuesto al carbono. La tasa inicial fue de veinticinco dólares [veintitrés euros] por tonelada de carbono producida. Al mismo tiempo que se impuso el impuesto, Suecia sabiamente se deshizo de la mayoría de los otros impuestos sobre la energía, aumentando el incentivo para que las empresas se trasladaran a fuentes bajas en carbono, pero sin que el gobierno dictara cuáles.

Otra cosa en la que los economistas habían estado de acuerdo durante mucho tiempo era que, independientemente de cómo se gravaran los impuestos o se fijara el precio del carbono, era necesario comenzar con un valor bajo y aumentarlo con el tiempo. Eso les daría a los hogares y las empresas tiempo para adaptarse y darse cuenta de que la producción de energía a partir de combustibles fósiles era un juego perdido. Para 2020, el impuesto de Suecia había aumentado a alrededor de ciento diecinueve dólares [ciento diez euros] por tonelada. California había adoptado un método de tope y comercio, pero el precio del carbono era de sólo quince dólares [13.5 euros] por tonelada, claramente demasiado bajo. Los ingresos fiscales de Suecia le dieron el dinero para compensar los efectos no deseados del impuesto y financiar otras medidas relacionadas con el clima.

Resumiendo lo que ustedes me han dicho, a partir de 2020, los principales emisores podrían haber aumentado el uso de la energía nuclear y poner fin al consumo de combustibles fósiles para 2050. Sin embargo, debido a preocupaciones infundadas sobre la energía nuclear, no tomaron esa medida sino hasta que ya era demasiado tarde. Les pido que repasen para mis lectores la triste historia de lo que sucedió en su lugar.

Rosetta: Como ya sabes, se han escrito varios libros sobre esa cuestión, incluido uno nuestro. En lugar de dictar otro, resumamos. La década de 2020 fue una década crítica y la última oportunidad de la humanidad de tomar el control de su futuro. Y Estados Unidos era el país crítico, no sólo porque era el segundo mayor contaminador, sino porque era la nación que otros habían considerado como líder.

Los firmantes del Acuerdo de París construyeron nuevos reactores nucleares e introdujeron un impuesto al carbono, pero no empezaron sino hasta finales de los años veinte, y los recortes de emisiones que habían hecho se compensaron significativamente con el aumento de los de Estados Unidos, China y la India. Y no te olvides de Japón, que eligió el *seppuku** colectivo al construir

* En japonés en el original. Es el suicidio ritual mayormente conocido como harakiri en Occidente. La palabra significa, literalmente, "vientre cortado". *(N. del T.)*

veinticinco nuevas plantas de carbón en los años veinte. Éste fue el fruto amargo de la sobrerreacción tras el accidente evitable de Fukushima.

El nuevo presidente del Partido America First asumió el cargo y trajo a Estados Unidos de regreso al Acuerdo de París, pero sólo como un acto simbólico. Otras naciones comenzaron a concluir que los esfuerzos para contener el calentamiento global probablemente fracasarían, por lo que cuando el acuerdo expiró, en 2030, muchos cambiaron su gasto de reducir las emisiones a tratar de mitigar los efectos del calentamiento global, por ejemplo, mediante la construcción de altos malecones y la evacuación de personas de las zonas costeras. Incluso entonces, la gente simplemente no podía entender el hecho de que si los casquetes polares se derretían, no habría un malecón lo suficientemente alto.

Una cosa curiosa, o quizá trágica, que algunos académicos han notado es que durante las últimas dos décadas, las emisiones globales de CO_2 de los combustibles fósiles han disminuido y en algún momento del próximo siglo alcanzarán el punto cero. Ha habido un tipo extraño de retroefecto en el trabajo en el que la emisión de CO_2 con el tiempo destruye la infraestructura necesaria para emitir más CO_2. Pero la enorme cantidad puesta en la atmósfera en el siglo XXI seguirá estando allí, absorbiendo los rayos de calor y subiendo la temperatura, durante milenios.

Sé que Robert tiene un último punto, uno en el que estamos de acuerdo, así que acudiré a él para terminar nuestra entrevista.

Robert: Hubo una cosa que podría haberse esperado en la década de 2020, pero que no sucedió, y que podría haber obligado a los gobiernos a actuar rápidamente para reducir las emisiones. Me refiero al tipo de protestas y huelgas masivas que habían marcado luchas anteriores contra gobiernos que no habían escuchado. Se puede comenzar con la independencia estadunidense y continuar con el sufragio femenino, el movimiento del Cuatro de Mayo de China, los derechos civiles, la lucha contra el apartheid, las protestas contra la guerra de Vietnam, el Mayo del 68 en Francia, Solidaridad, la huelga de mujeres islandesas en 1975, la caída del Muro de Berlín, la Primavera Árabe, el levantamiento independentista catalán, la huelga de profesores de Virginia Occidental, y un largo etcétera. La gente estaba dispuesta a protestar y hacer huelga por una serie de razones y, a menudo, ganaban. ¿Por qué entonces aquellos para los que el futuro de sus nietos estaba en juego, junto posiblemente con el de la civilización misma, no se levantaron y exigieron acciones del gobierno para reducir las emisiones de CO_2? Y, si el gobierno se negaba, ¿por qué no tomaron las calles y pusieron sus vidas en primera fila para paralizarlo todo? ¿Eran ovejas o seres humanos?

Epílogo

Has llegado hasta el final y te agradezco la lectura. Permíteme compartir contigo algunos pensamientos finales.

En varios puntos ha surgido la pregunta de por qué nuestros predecesores, que no podían haber negado razonablemente que el calentamiento global es real, causado por humanos y peligroso, no lo detuvieron.

Cuando me interesé por primera vez en el efecto que el calentamiento global tendría en la humanidad, cuando internet todavía funcionaba, revisé videos de los mensajes sobre el estado de la nación de los presidentes de Estados Unidos de 2000 a 2028. También revisé una muestra de cada uno de los debates presidenciales durante ese periodo. En todos esos millones de palabras habladas, el calentamiento global casi nunca surgió. No culpo por completo a los políticos, porque no podían adelantarse demasiado a la opinión pública y esperar ganar una elección. ¿Y cuál era la opinión pública? En 2007, una encuesta realizada en Estados Unidos mostró que "lidiar con el calentamiento global" ocupaba el penúltimo lugar entre las dieciséis preocupaciones mayores. Para 2019, todavía estaba en ese sitio.

Ni los científicos, ni los medios de comunicación ni los escritores lograron comunicar al público lo malo que sería el calentamiento global, y que en nuestra escala de tiempo humana efectivamente duraría por la eternidad. La pregunta que comprensiblemente me atormenta es si habría hecho alguna diferencia este libro si yo pudiera entrar en una máquina del tiempo y volver a principios de la década de 2020 para ponerlo en manos de la gente. Si no, entonces el gran escritor de ciencia ficción Walter Miller tenía razón en *Cántico por Leibowitz*: algo está mal con nosotros. Tenemos la capacidad intelectual para inventar los medios de nuestra propia destrucción, pero no la capacidad de razonamiento para dejar de usarlos.